魏铼 ⊕ 著

人 民 邮 电 出 版 社
北 京

图书在版编目（CIP）数据

人工智能的故事 / 魏铼著. -- 北京 : 人民邮电出版社，2019.12
ISBN 978-7-115-51896-5

Ⅰ. ①人… Ⅱ. ①魏… Ⅲ. ①人工智能－普及读物 Ⅳ. ①TP18-49

中国版本图书馆CIP数据核字(2019)第187282号

内 容 提 要

本书以人工智能为主题，以其历史发展为主线，结合相关人物、事件和发明创造，深入浅出、生动全面地讲述了人工智能的起源和发展历程，介绍了主要的人工智能理论、技术和应用。

本书将人工智能的相关知识与趣闻轶事融为一体，有点有面，通俗易懂。对于对人工智能感兴趣的普通读者来说，这是一本难得的参考读物。

◆ 著　　　魏　铼
责任编辑　刘　朋
责任印制　陈　犇
◆ 人民邮电出版社出版发行　北京市丰台区成寿寺路 11 号
邮编　100164　电子邮件　315@ptpress.com.cn
网址　http://www.ptpress.com.cn
固安县铭成印刷有限公司印刷
◆ 开本：720×960　1/16
印张：12.25　　2019 年 12 月第 1 版
字数：225 千字　　2024 年 7 月河北第 2 次印刷

定价：55.00 元

读者服务热线：(010)81055410　印装质量热线：(010)81055316
反盗版热线：(010)81055315
广告经营许可证：京东市监广登字20170147号

仅以此书献给热爱科学、勇于探索、走向未来的朋友们。人工智能正在超越人类智能，但人类智慧将会超越一切智能！

序言

我们这一代人从小就接触过人工智能，当然不是在现实中，而是从科幻小说中。我记得小时候读过的科幻小说里有一篇是苏联作家德涅普罗夫写的《X1号机》，那是一个能根据复杂情况对股市信息进行预测的智能机器。故事是批判资本主义的，透露着这样的观点，那就是高科技带给人类的不单单是繁荣、自由和解放，还有不良制度下少数人利益的剧增和多数人的更加贫困。如果说这篇小说中的人工智能是社会批判性的，那么他的另一篇小说《苏埃玛——一个机器人的故事》则是恐怖的。在小说中，可以自我学习的人工智能发明者把智能体装入机器人的大脑，这位机器人狂热地学习人类所有的东西，直到有一天，他突然对自己创作者的大脑这个设计制造了他的原点产生了学习的渴望。于是，它拿起手术刀，追逐起自己的制造者，想要通过解剖大脑获取改进自身的最终能力。

中国人对人工智能的设想也出现得很早。现在能发现的最早的智能机器故事，自然是《列子・汤问》中的那段《偃师造人》。周穆王巡游天下的时候，遇到了漂亮的男舞者。这位舞者不但舞跳得好，还会用眼神勾引穆王的妃子。穆王大怒，想要对其进行惩处。此时，制造者才揭秘说，这并非真正的人类。他打开舞者的胸膛，展示里面有挂钩的物理结构，各种器官其实是用木头和毛皮制作的，分别挂在相应的钩子上。

人类向往智能机器已经数千年了，但这种机器还是在控制论的原理和半导体技术的发展之后才得以实现的。今天，有关人工智能的信息铺天盖地。人们甚至认为，就在不远的将来，人工智能就会夺去所有人的工作，并最终让人类堕落为机器的奴隶。这样的事情有可能吗？这样的事情会困扰你吗？

无论你个人怎么想，人工智能正在通过自己的高速发展走向现实。人工智能已经是当前新一轮科技革命和产业变革的重要驱动力量，是战略性技术，具有溢出带动性很强的“头雁”效应。不但如此，人工智能还会引发教育、医疗卫生、体育、住房、交通、助残养老、家政服务、智慧城市建设和社会治理等许多方面的巨大变化。在这样的意义下，人工智能的教育就变得刻不容缓，必须马上展开。

应该说，本书也是在相关想法鼓舞之下的一种尝试。全书通过故事的形式，将人工智能发展的历史通俗易懂地传达给读者，具有科学性、思想性、艺术性并重的特点，是一本优秀的科普读物。由于作者曾经从事过人工智能研究，对这个领域具有亲身感受，所以撰写起来驾轻就熟。又由于作者读过大量科普读物，对这类读物的特点早就有深入的分析和理解，因此写起来有一种穿越古今、纵横捭阖的气势。此外，我很赞赏作者对科学技术和人类未来的那种乐观情绪。在今天这样的时代，在万事万物都在瞬间改变、奇点随时会到来的状态下，保持这样的乐观有助于我们审慎地继续前进。

是为序。

吴岩

中国科普作家协会副理事长

南方科技大学人文社会科学学院教授兼科学与人类想象力研究中心主任

前言

人工智能起源于人类的梦想和探索。

早在远古时期，古希腊和古罗马的文学家、诗人和哲人就在他们的作品中幻想着各种具有某种神力的机械装置，中国古典文学中也不乏这样的想象。公元 270 年，希腊的一个理发师、发明家发明了一种可以根据水箱里水位的高低来自动决定是否蓄水的装置。它的原理和我们今天还在很多抽水马桶里采用的浮球联动阀十分相似。该装置十分简单，一个浮球连接在上、下水阀之间。当水位下降时，浮球也下降，拉开上水阀上水，在水压的作用下，下水阀关闭；当水位上升时，浮球也上升，不断推起上水阀，直至其关闭。这个浮球其实就是一个反馈信号发生器，它能感知水位的高低，并把感知的情况通过绳索正向或反向传递给上水控制阀门。这种信息反馈的概念和原理后来被普遍应用在人工智能科学里，产生了广泛而深刻的影响。

文艺复兴时期，意大利多才多艺的画家达·芬奇更是把这种幻想实践在他的发明创造之中。1495 年，根据对人体结构的研究，他发明了一个像是穿着盔甲的爵士的机器人。这可能是世界上第一个像人一样的机器人。这个机器人可以自己站立和坐下，移动手臂，甚至还有表情。而这一系列动作都是由它体内的机械驱动装置完成的。这不能不让我

达·芬奇的爵士机器人

们叹为观止。

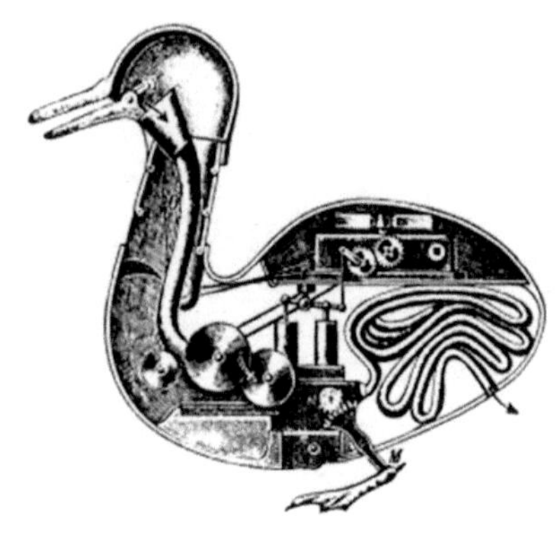
范肯塞的“自动鸭子”

1736 年，一个叫杰克斯·达·范肯塞的法国发明家和工程师发明了一只“自动鸭子”。这只鸭子不但会嘎嘎地叫，还会拍动翅膀，用脚划水，喝水吃东西，居然还会排泄。这引起了当时人们的极大好奇。人们议论纷纷，为这只鸭子是否真的会把它吃下去的玉米粒消化并排泄出来争论不休。直到有一天，有人潜伏在暗处观察，才最终发现其实排泄物是事先装进鸭子肚子里的绿色面包屑。不过不管怎样，这只鸭子确实能够拍动翅膀，用脚划水。这在当时是一个了不起的工程设计和实现。

如果你去过北京故宫博物院里面的钟表馆，你一定看到过里面陈列的欧洲进贡来的千奇百怪的各式钟表，它们在发条动力的驱动下，通过齿轮传动，或由重力摆轮带动，使表针移动计时。后来法国的约瑟夫·玛丽·雅卡尔发明了打孔卡片，用来控制织布机。这在一定程度上是一种程序设计原理，把人类智能通过机械或程序的方式赋予机器。在用发条和打孔卡片来控制机械运动的启发下，各种简单有趣的自动机械装置层出不穷，如能自动演奏的钢琴、可以自动眨眼张嘴的木偶等。这让当时的人们大开眼界，看到了人可以做到的事情机器也可以做。

18 世纪末至 19 世纪初，英国科学家查尔斯·斯坦霍普发明了一个“魔盒”。这个盒子的边上有滑槽，可以让人滑动槽里涂有颜色的滑块。盒子的中间有一个窗口，显示滑动到不同位置的滑块所表示出的问题及其答案。它可以用来解决一些简单的逻辑和概率问题。以今天的观点来看，这就是一台最简单的模拟式计算机。斯坦霍普的发明把人类的想象推到了抽象的数学与逻辑方面，在探索和追求人工智能方面深入了一步。有趣的是，斯坦霍普发明了这个“魔

斯坦霍普发明的“魔盒”

盒”以后并不想让大家知道，生怕他的专利会被别人偷走。所以，只有他的极少数亲戚和朋友在他生前有幸偷偷地观赏过这个“魔盒”的神奇演示。直到他去世以后，他的发明才公之于众。

人类从来不缺乏想象力和创造力。法国作家儒勒·凡尔纳在他的科幻小说中展现了各种各样在当时堪称神奇的想象，而今天这些想象大多已经变成了现实。科学的进步和发展一直伴随着人类文明的进步和发展，人工智能也是一样。

今天，我们就来讲一讲人工智能的故事。让这个故事带我们走进人工智能的浩瀚历史和众多天才人物之中，漫游在人工智能科学技术发展的前世今生！

目录

第 1 章　条条大路通罗马

1.1　从机械计算装置开始

西班牙国家图书馆坐落在西班牙的首都马德里，它的前身是宫廷图书馆，由腓力五世建于 1712 年。图书馆建筑庄重典雅，雕塑林立，馆内藏书总量达 800 万册。

1967 年的一天，在图书馆里工作的科学家们像往常一样继续对馆藏图书和资料进行着分类整理和研究工作。突然两部夹杂在其他资料中的手稿引起了大家的注意，从陈旧发黄的程度上看，这两部手稿至少有上百年的历史。当科学家们小心翼翼地仔细研究这两部手稿时，他们竟然惊讶得手足无措。他们无意中发现的是达・芬奇的两部遗失的手稿。

惊人的发现轰动一时，引发了全世界达・芬奇研究者们的极大兴趣。这两部手稿也随即被命名为“马德里手稿”。

这两部手稿中的一部创作于 1503—1505 年，详细描述了一台机械式计算装置，这让美国的 IBM 公司格外重视。1968 年，IBM 公司重金聘请世界著名的达・芬奇研究专家罗伯特・古泰里（Roberto Guatelli）博士按照达・芬

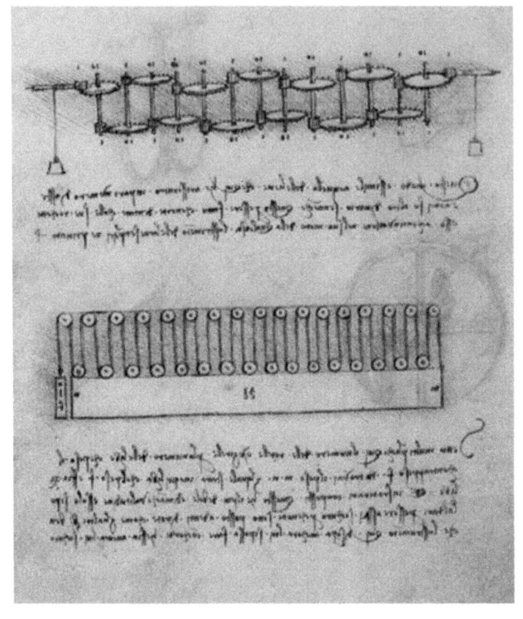

达·芬奇的机械式计算器图稿

奇的手稿复制了这台装置。

该装置由 13 个相互锁定的轮子组成，每个轮子有 10 个侧面，分别表示数字 0~9。当第一个轮子转到 9 时，第二个轮子就会被带动，以此类推，形成进位关系。在达·芬奇生活的年代，还没有任何机器可以有这么多互相关联的运动部件，更没有人想到发明这样一台可以进行加法运算的机器。这就成为了世界上第一台机械式计算器，达·芬奇也成为世界上发明第一台机械式加法器的人。

达·芬奇计算器模型

1623 年 6 月 19 日，一个叫帕斯卡的法国男孩儿降生在了一个政府税务官的家里。虽然他的教育完全是由他的父亲完成的，而不是出自哪一所名校，但他的天赋让他成为了一个神童。也许是受到父亲天天都要为税收和数字打交道的影响，他从小就对数学具有浓厚的兴趣和天生的才华。

16 岁那年，他把自己发现的一个数字排列现象写成了一篇论文，称这种排列为帕斯卡三角，将这种排列所展示出的数字规律称为帕斯卡理论。他把自己的论文寄到了巴黎，让他认识的法国数学家费马转交给当时在这方面堪称专家的另外一位法国数学家德萨格。但德萨格以为这是帕斯卡父亲的研究成果，完全不相信它出自一个孩子之手。幸好有皮埃尔的担保和证明，德萨格才不得不惊叹道："我并不为这样先于前人的发现而感到惊奇，但这样的发现出自一个 16 岁的孩子之手的确让我不能不深感意外。"

帕斯卡三角

帕斯卡计算器

帕斯卡在写完论文的两年之后，为帮助父亲从无休无止的繁重计算中解放出来，发明了可以完成加减运算的机械式计算器。那年他还不满 19 岁。他发明的计算器领跑了随后 400 年机械式计算机的历史。不幸的是，由于他的计算器过于复杂和昂贵，在当时只是成为了欧洲富人的时髦玩具，而没有得到广泛使用。但这并没有影响他成为那个时代法国最著名的数学家、物理学家和发明家。

查尔斯·巴贝奇是英国的一位数学家和发明家，还是一位"富二代"。他的爸爸是一个银行家，给他留有一笔丰厚的遗产。巴贝奇有着一个宽阔的额头、两片薄薄的嘴唇和一双敏锐的眼睛。他愤世嫉俗，但又不失幽默，给人一副极富深邃思想的学者形象。

童年时代的巴贝奇就显示出了极高的数学天赋。考入剑桥大学后，他发现自己掌握的代数知识甚至超过了自己的老师。巴贝奇在毕业后留校，24 岁的他受聘担任剑桥大学卢卡斯数学教授，这是一个很少有人能够获得的殊荣。然而，这位“富二代”为了自己的梦想选择了另外一条无人敢于攀登的崎岖险路，并且为之倾尽全部的财富。

1823年，英国政府做出了一个史无前例的决定，资助查尔斯·巴贝奇设计一台蒸汽机驱动的机械式通用计算机——分析机。英国政府破天荒地要制造这样一台机器是因为法国。18世纪末，法国发起了一项宏大的计算工程——人工编制《数学用表》，这个《数学用表》对于天文和航海的很多领域都有极大的帮助。然而法国动用人工编制的《数学用表》错误百出，这让巴贝奇萌生了研制计算机来完成宏大计算的构想。

他从法国人雅卡尔发明的提花织布机上获得了灵感，设计出了一台差分机。这台差分机的运算精度达到了6位小数，可以演算出好几种函数表，非常适合于编制航海和天文方面的数学用表。在此基础上，巴贝奇奋笔上书英国皇家学会，要求政府资助他建造第二台运算精度为20位小数的大型差分机。英国政府看到巴贝奇的研究有利可图，就破天荒地与科学家签订了第一份合同，财政部慷慨地为这台大型差分机的研制提供1.7万英镑的资助。在当年，这笔款项的数额无异于天文数字。

巴贝奇画像

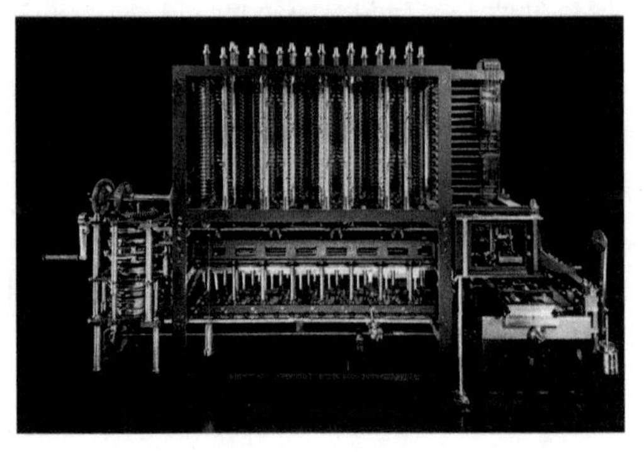

巴贝奇的差分机

然而，出乎意料的是这台差分机的研制异常艰难。按照设计，这台差分机大约需要 2.5 万个零件，主要零件的误差不得超过 0.025 毫米，即使采用现在的加工设备和技术，要想造出这种高精度的机械也绝非易事。巴贝奇把差分机交给了英国最著名的机械工程师约瑟夫・克莱门特所属的工厂制造。第一个 10 年过去了，巴贝奇依然望着那些不能运转的零件发愁，全部零件只完成了不足一半的数量。参加试验的同事们再也坚持不下去了，纷纷离他而去。巴贝奇只好独自苦苦支撑了第二个 10 年，最后他也感到自己无力回天了。

1842 年冬天，巴贝奇的内心和伦敦的气候一样寒冷，英国政府已经宣布断绝对他的一切资助，科学界的朋友们也都纷纷用一种怪异的目光看着他。一天清晨，巴贝奇蹒跚地走进车间。偌大的作业场空无一人，只剩下满地的滑车和齿轮，一片狼藉。他呆立在尚未完工的机器旁，深深地叹了口气，默默地和无力再完成的差分机告别。无可奈何的他只好把全部设计图纸和已完成的部分零件送进了位于伦敦的皇家学会博物馆供人观赏。

然而，困难和挫折并没有打垮巴贝奇。在向大型差分机进军受挫的 1834 年，巴贝奇就已经提出了一项更大胆的新设计——一种通用的数学计算机。巴贝奇把这种新的设计叫作“分析机”，它能够自动解算有 100 个变量的复杂数学题，每个数可达 25 位，速度可达每秒运算一次。

巴贝奇首先为分析机构思了一种齿轮式的存储库，每一个齿轮可储存 10 个数，总共能够储存 1000 个 50 位数。分析机的第二个部件是所谓的运算室，其基本原理与帕斯卡的转轮相似，但他改进了进位装置，使得 50 位数加 50 位数的运算可完成于转轮的一次转动之中。此外，巴贝奇也构思了送入和取出数据的机构，以及在存储库和运算室之间传输数据的部件。他甚至还考虑到如何使这台机器处理依条件转移的动作。

一个多世纪后的今天，现代计算机的结构依然几乎就是巴贝奇分析机的翻版，不同的是它的主要部件被换成了今天的超大规模集成电路。巴贝奇可算是当之无愧的计算机系统设计的“开山鼻祖”。

1.2 专家系统的萌生

在人工智能领域，专家系统是最早获得研究的分支领域。专家系统就是一种模拟人类专家解决专业领域问题的计算机程序系统。1965 年由斯坦福大学开始研发的 DENDRAL 系统是第一个成功投入使用的专家系统，它能模仿专家来分析质谱仪的光谱，帮助化学家判定物质的分子结构。这个系统的开发者是美国人工智能科学家费根鲍姆和遗传学家李德伯格。

李德伯格可是美国的一位顶尖的科学家，他因发现细菌遗传物质及基因重组现象而获得了 1958 年的诺贝尔生理学或医学奖。当时，李德伯格正在进行太空生命探测，用质谱仪分析从火星上采集来的数据，看看火星上有没有可能存在生命。

费根鲍姆毕业于卡内基·梅隆大学，是有着人工智能之父之称的西蒙的得意门生。费根鲍姆本科时的专业是电子工程学，但他选修了西蒙教授的一门课程，名字叫作“社会科学中的数学模型”。在 1955 年圣诞假期之后的第一堂课上，西蒙教授兴冲冲地走进教室对学生们说：“在刚刚过去的这个圣诞节，我和我的同事纽厄尔发明了一台可以思考的机器！”学生们完全不知道教授所云，不能理解机器如何可以思考。为了解答学生们提出的问题，西蒙教授给大家讲起了如何通过程序设计来让计算机有智能，还派发了 IBM 701 大型机的使用手册，鼓励学生们亲自动手编写程序，这样他们就可以理解计算机是怎样思考的了。

费根鲍姆把操作手册带回家，兴致勃勃地连夜把它读完了。第二天天亮的时候，他感觉自己一点也不困，好像着了魔一样。当时还没有计算机科学家这样的职业，但是他下定决心要从事人工智能研究。本科毕业后，他直接去了西蒙任院长的工业管理研究生院攻读博士。可见名师的影响力有多大，他改变和奠定了一个学生一生的事业。毕业后，费根鲍姆来到了美丽的旧金山湾区。1962 年，他投奔了人工智能学科创始人、另一位被称为人工智能之父的麦卡锡组建的斯坦福大学计算机系，专心搞起了人工智能研究，他的研究方向是专家系统。他希望能够找到一个特定的领域，让他能用计算机来通过对特定知识的运用和推理判断完成专家在这个领域里的工作。

1964 年，费根鲍姆在斯坦福大学高等行为科学研究中心举办的一次会议上，偶然认识了当时担任斯坦福大学医学院遗传学系主任的李德伯格。在交谈中，两人对科学和哲学的共同爱好让他们一见如故，志同道合。他们，一个是专家，有数据，一个搞应用，求合作。两人一拍即合，开始了他们漫长而富有成效的研发合作。

分子由原子构成，比如 H_2O 表示一个水分子由两个氢原子和一个氧原子组成。但是，这样的表示方式不能反映出原子之间的拓扑结构。化学家不但需要知道分子的组成元素，而且需要知道组成分子的原子之间的拓扑结构。当原子结构复杂的时候，它们之间的结构就需要借助一定的技术手段和专家积累下来的经验来判断。李德伯格就是根据质谱仪得到的数据和化学家关于质谱数据与分子构造的关系的经验知识，对可能的分子结构进行判断的。

费根鲍姆把李德伯格的方法归纳后按功能划分为 3 个步骤：首先利用质谱数据和化学家关于质谱数据与分子构造的关系的经验知识，对可能的分子结构形成若干约束条件，费根鲍姆称此为规划部分；然后利用李德伯格的算法，根据规划部分所生成的约束条件来控制这种可能性的展开，给出一个或几个可能的分子结构，生成结构图；接着利用化学家关于质谱数据的知识，对生成的结构图进行检测、排队，最终给出唯一的分子结构图。

费根鲍姆采用了树形结构来建立和表达所涉及的化学知识，再通过运用专家的经验知识搜索这棵知识树，通过不断认知的方式，去粗取精，去伪存真，最后得到唯一的分子结构图。

不过，说起来容易，做起来难。实际上，费根鲍姆带领他的计算机团队把专家的思路算法化花费了 5 年时间。在这个过程中，后来还有一个人加入，他就是美国化学家兼作家杰拉西，因为费根鲍姆在研发这套系统时发现，李德伯格是遗传学家，他对化学并不是很懂。3 个人的合作成果就是世界上第一个专家系统 DENDRAL。当你输入频谱仪的数据到这个系统中时，系统就会输出给定的化学结构。据说这个专家系统的结果常常比杰拉西的学生做出来的结果还准确。

DENDRAL 后来成为化学家们常用的分析工具，被开发成商品软件投放市场。DENDRAL 的成功证明了计算机在特定的领域可以达到人类专家的水平。费根鲍姆总结了开发 DENDRAL 这个专家系统的成功经验，提出了“知识工程”的概念。知识工程的方法论包含对专家知识进行获取、分析和用规则表达等一系列技术，为后来的知识库和知识图谱提供了理论基础和技术经验。

在 DENDRAL 之后，1976 年斯坦福大学又成功地开发了用于帮助医生诊断传染性血液病的专家系统 MYCIN，把人工智能技术推进到医疗系统这一重要的应用领域。

1.3 让机器学走路

一说到机器人，大家通常都会想到一个像人一样的机器，就算它长得不太像人，也会像科幻大片里的各种机器怪兽或异形那样。其实，大多数机器人长得完全不像人和任何怪兽，更多的工业机器人甚至都不会行走和移动，它们固定在自己的工位上，周而复始地完成着固定的生产任务。

最早的可以自行移动的机器人出现在 1968 年，它有一个名字叫 Shakey，按照发音我们就叫它沙克依吧。这个名字的英文原意是“摇摇晃晃的、不稳定的、不牢靠的、可能出问题的”。用这样一个名字形容世界上第一台可以自行移动的机器人，不但幽默，而且形象，毕竟这个机器人就像孩子开始学走路一样，摇摇晃晃，不稳定，不牢靠，可能出问题。这些都是正常的。

1963 年冬天，斯坦福研究院神经网络研究领域的领导者查理·罗森提出了开发一个可以自由行走的机器人的设想。当时，他想把模式识别、神经网络和人工智能编程技术综合起来，打造一台可以自行识别环境、自行“按图索骥”、自行移动的机器。为了更有把握，他特意请来了另一位大名鼎鼎的人工智能之父明斯基作为顾问，还一趟一趟地到美国国防部游说，让他们出钱资助这个项目。折腾了快 3 年，该项目终于成功立项，并获得了美国国防部的一笔不菲的经费，于 1966 年春季正式开工。

一个像工具车一样的机器人很快就初具雏形。当时它在移动过程中突然停止时会震动摇晃，开发人员就给它起了这个有趣的名字“沙克依”。沙克依由运动部分、感应部分和控制部分等组成。运动部分由发动机、车轮和机械驱动装置构成，感应部分包括激光测距仪、路障感应器和一台电视摄像机，控制部分则是一台由 DEC 公司生产的小型计算机 PDP-10。以今天的眼光来看，沙克依似乎有些简单，它完全没有人的模样，倒是像一辆无人驾驶的小车，所能做的事情也只是在研究院的楼道和房间里转来转去，把可能挡路的障碍移开，但这在当时是一项史无前例的创新。它所蕴涵的很多技术理念沿用至今。

沙克依

沙克依行走时遇到的第一个困难是它在充满障碍的房间里如何确定自己行走的路径。它要能够发现前进路线上的障碍物，一方面避免碰到障碍物，另一方面绕过障碍物继续向目标前进。在技术上，这是一个路径导航问题。研究人员运用了一种网格标记方法，让沙克依能够标记和记住它四周的环境，然后通过搜索确定绕过每一个障碍物的路径。在人工智能技术中，今天我们把这种通过不断探索得到答案的方法叫作认知学习。

沙克依行走时遇到的第二个困难是它如何规划自己的行动。当沙克依需要在复杂的环境中行走时，它可能要处理的问题就不只是发现障碍物那么简单。比如，让它从一个房间中走出来，通过走廊，进入另一个房间，遇到不能绕过的障碍物时，还要搬开障碍物，清理道路。这就涉及一个包含多个行动内容的规划问题，在人工智能技术中称之为“框架问题”。对于人类来说，这很简单，但对于计算机来说就不一样了。如何简洁清楚地表达这些情况，如何处理、协调每一个动作，如何形成一个包含多种动作的行动方案，计算机需要完成大量的计算和数据存储工作，复杂程度可能超出计算机硬件能力的许可。该项目于 1966 年开始启动，到 1970 年才最终找到一个良好的解决方法。在人工智能的发展中，每前进一步背后付出的努力都是十分巨大而鲜为人知的。在这个方法中，沙克依可以在 2 分钟内完成 6 个动作的规划任务。这个方法中的一些核心技术至今还出现在人工智能规划方面的应用中。

沙克依行走时遇到的第三个困难是它如何了解它所处的环境，识别出房间、走廊、地面、门、墙壁和大小不同的障碍物。沙克依的“眼睛”是一台电视摄像机，它必须对它“看到的场景”进行图像处理和识别，并结合激光测距仪给出的距离和位置，将其在路线图中标识出来。不同的光线、不同的角度、不同物体的形状，让图像处理和识别远没有听上去那么容易。研究人员为了简化被识别的环境，把房间里的墙壁涂成浅色，又用深色墙角板让地面和墙壁能够在颜色上容易区分开来。他们还把不同形状的障碍物都涂成红色，让障碍物变得“与众不同”，易于识别。即便如此，当时沙克依感知和分析环境、规划行动路线和方案往往需要几个小时的时间。

但不管怎么说，沙克依是世界上第一台全面应用人工智能技术的移动机器人，它能够自主进行感知和环境描述，并通过行动规划来执行指定的任务。关于它的研究成果影响至今。2004 年，它光荣地进入了美国机器人名人堂。2006 年，美国高科技杂志《连线》把它列为世界上最负盛名的第五个机器人，而排在它前面的有两个是科幻小说中的角色，另外两个则是出现于其后的登上火星的机器人，所以沙克依才是名副其实的机器第一人。今天，它被光荣地收藏在位于硅谷的计算机历史博物馆里，骄傲地向世人展示着它的历史成就。

位于硅谷的计算机历史博物馆

1.4 触类旁通

19 世纪末 20 世纪初，生物神经理论研究指出，人类大脑的活动是由一种叫作神经元的细胞和它们之间的联系产生的。提出这种理论的是西班牙神经解剖学家卡哈尔，他在意大利医学家高尔基发现神经细胞的基础上，描绘了神经元的组织结构和它们之间的联系。为此，1906 年他们共同获得了诺贝尔生理学或医学奖。

一个神经元是一个活细胞，人类大脑有大约 100 亿个这样的细胞。虽然它们具有不同的形式，但它们基本上都包括位于核心的细胞本体、叫作树突的输入纤维以及一个或多个叫作轴突的输出纤维。神经元的轴突有一个叫作终止扣的凸出端，它十分接近其他神经元的树突。终止扣和其他神经元树突之间的缝隙叫作突触，大约有 20 纳米长。

通过电化学反应，一个神经元可以发出脉冲到它的轴突。当脉冲到达突触时，它可能激发或继承其他神经元的电化学活动。这是否会让其他神经元发出脉冲取决于当时突触所接收的各种脉冲的数量和种类。据估计，人类大脑中有

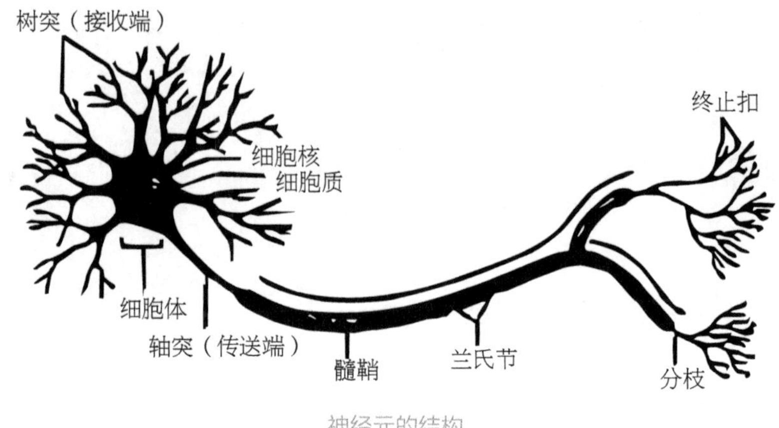

神经元的结构

大约 5000 亿个这样的突触，形成了一个决定人类思维活动的神经网络。

1934 年，神经生理学家和控制论专家麦卡洛克和逻辑学家皮茨宣称神经元就是逻辑单元，开创了人工神经网络的历史。在他们那篇著名的论文《神经活动中思想内在性的逻辑演算》中，他们提出了一个简单的神经网络结构，并展示了这样一种神经网络可以完成几乎所有的计算操作。

人工神经网络是生物神经网络在某种简化意义下的技术复现，它是生物神经网络的一种数学抽象模型。人工神经网络中的每一个神经元可以有多个输入和输出，相当于树突和轴突。每一个输出可以有两个值（0 或 1）。模仿生物神经网络的行为特征，在神经元之间建立起分布式并行信息处理算法，根据输入值的多少来决定输出值，最终可以得到所需的答案。

麦卡洛克和皮茨不仅是人工智能技术中神经网络的开山鼻祖，而且两人的友谊还是一段历史佳话。出生在美国底特律的皮茨出身贫寒，但绝顶聪明，自学成才。他在 12 岁时就写信给大名鼎鼎的英国逻辑学家罗素，讨论罗素的《数学原理》一书中的问题。罗素欣赏他的才华，邀请他到英国剑桥大学跟他学习逻辑，可是一贫如洗的皮茨哪里有钱远渡大洋去英国读书呢？幸运的是，在他 15 岁那年，罗素来美国的芝加哥大学演讲，后来又做了客座教授。皮茨就跑去做了他的没有学籍的学生，靠他的天才给学校里的教授们打零工维生。

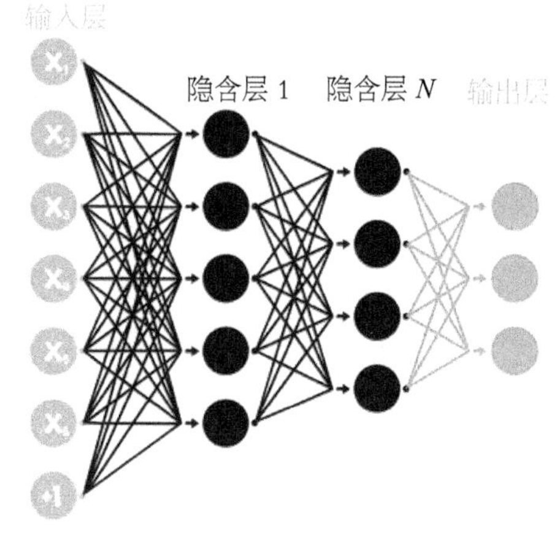

人工神经网络

恰巧不久麦卡洛克来芝加哥大学任教，认识了皮茨。既是出于对皮茨处境的同情，又是出于对他才华的喜爱，麦卡洛克邀请皮茨来他家和他一起生活，从此皮茨结束了无家可归的“流浪生活”。麦卡洛克的年龄相当于皮茨的父亲，所以被人称为皮茨的养父。每到晚上回到家中，茶余饭后，“父子俩”就开始了他们的倾心合作。麦卡洛克是神经科学方面的专家，但他不懂数学。皮茨这个当时只有 17 岁的流浪数学票友就成了他的绝配。一个是数学才子，另一个是专家慈父，两个人创造了一个忘年之交的传奇、一段跨界创新的历史佳话。

人们在探索人工智能方法时这种触类旁通的跨界发明不只是人工神经网络，遗传算法是另一个从生物学中获得灵感的方法。达尔文生物进化论的核心是生物的进化规律，概括地说就是物竞天择、适者生存。于是有人想到了模拟自然进化过程中通过遗传优化来改进物种的遗传算法。这是一种模拟达尔文生物进化论的自然选择和遗传学机理的生物进化过程的计算模型，是一种通过模拟自然进化过程搜索最优解的方法。它的发明人叫霍兰德。

作为历史上第一个计算机科学博士的霍兰德曾经说过，如果一个人在早期过深地进入一个领域，可能会不利于他吸收新的思想。对于他来说，进化论和遗传学都是新的思想。他最喜欢读的一本书就是英国统计学家费希尔写的《自然选择的遗传理论》。该书把孟德尔的遗传理论和达尔文的自然选择结合起来，给了霍兰德启发。进化和遗传是族群学习的过程，机器学习可以此为模型。遗传算法就这样萌生了。

遗传算法是从代表问题可能潜在的解集的一个种群开始的，而一个种群则由经过基因编码的一定数目的个体组成。个体实际上是染色体带有特征的实体。染色体作为遗传物质的主要载体，即多个基因的集合，其内部表现是某种基因组合，它决定了个体的外部表现，如黑头发是由染色体中控制这一特征的某种基因组合决定的。

遗传算法是基于生物学的，理解或编程都不太难。首先，建立初始状态。初始种群是从解中随机选择出来的，将这些解比喻为染色体或基因，该种群被称为第一代。其次，评估适应度。为每一个解（染色体）指定一个适应度，应根据问题求解的实际接近程度来指定（以便逼近求解问题的答案）。不要把这些“解”与问题的“答案”混为一谈，可以把它理解成为要得到答案时系统可能需要利用的那些特性。再次，进行繁殖。具有较高适应度的那些染色体更可能产生后代（后代产生后也将发生突变）。后代是父母的产物，它们由来自父母的基因结合而成，这个过程被称为“杂交”。最后，产生下一代。如果新的一代包含一个解，能产生一个充分接近或等于期望答案的输出，那么问题就已经解决了。如果情况并非如此，新的一代将重复其父母所进行的繁衍过程，一代一代地演化下去，直到得到期望的解为止。

神经网络和遗传算法都有一个共同特点，那就是效果要等到多步以后才能看到，这就要求尽可能多地访问所有的状态。这既是对计算力的一个挑战，也是对存储空间的一个很高的要求。当时，计算机硬件的功能还远不够强大，它们的成效自然难以展现出来，毕竟理论先进不代表实际可行。所以，今天大受追捧的神经网络和遗传算法在发明之初却是曲高和寡，不受重视。现实和理想之间总是有距离的，在科学的世界里也是一样，但历史是在不断向前发展的。

1.5 让计算机理解人类的语言

1949 年 5 月 31 日，《纽约时报》兴奋地发布了一条新闻：“一种新型的‘电子大脑’不仅可以进行复杂的数学运算，而且可以翻译外文。它由位于加州大学的国家标准实验室研制。参加项目研发的科学家们说，他们将实现覆盖《韦伯大学词典》6 万个单词的 3 种语言的翻译能力。”

然而，这样一种系统的研发在当时面临着各种技术问题，最后只能无果而终。连《纽约时报》后来也不得不承认说：“如何让一台机器分辨法语中同一个单词的意思是‘桥’还是‘码头’？所有机器能做的事情只是简单地寻找一个法语单词在英语词典里对应的单词，无法从实际语义上确定应该如何翻译。”

自然语言处理一直是人工智能研究中的一个重要课题。人工智能研究早期探索的一个方向，就是想要找到一种方法能够让机器识文断字。我们知道人类的多种智能都与语言文字有着密切的关系。人类的逻辑思维以语言为形式，人类的绝大部分知识也是以语言文字的形式记载和流传下来的。

实现人机间自然语言通信意味着要使计算机既能看得懂文字，理解其中的意思，又能以自然语言的形式来表达给定的意图、思想等。前者称为自然语言理解，后者称为自然语言生成，这就是自然语言处理。机器翻译就是自然语言处理的一个具体应用。

一个真正的机器翻译系统直到 1954 年 1 月才在美国乔治城大学开发成功。虽然它只包含了 6 条语法规则和 250 个单词，但它把几十个俄文句子成功地翻译成了英文，这在历史上还是第一次。当时还没有像现在这样方便的人机交互方式，俄文句子必须通过打孔卡片输入到一台 IBM 701 大型计算机中，翻译出来的英文也是通过一台连接在这台计算机上的打印机打印出来的。

在关于机器翻译的研究中一直有两种不同的方法，其中一种是以乔姆斯基为代表的语言学方法，另一种是以贾里尼克为代表的统计学方法。身为犹太人的乔姆斯基出生在美国宾夕法尼亚州的费城。虽然他从宾夕法尼亚大学取得了语言学博士学位，但他的大部分博士研究是用 4 年时间以哈佛年轻学者的身份在哈佛大学完成的。在博士论文的撰写中，他开始形成自己的一些语言学思想，后来他将这些思想进一步阐发，写成了《句法结构》这本被认为是 20 世纪理论语言学研究方面最伟大贡献的著作。这本书也成为了人工智能机器翻译语言学方法的圣经。

按照乔姆斯基的句法结构，句子可以通过一系列规则得到解析。一个句子可以解析成名词词组和动词词组，而名词词组和动词词组又可以进一步解析。他认为，所有语言都有与此类似的句法结构，这种结构是内在的，而不是通过经验得来的。在乔姆斯基的理论中，机器翻译就是通过对一个句子进行结构解析和合并重构来完成的。这其实是一种逻辑方法，并暗合于计算机科学中的有限自动机理论，成为了早期机器翻译的主要方法。

乔姆斯基不仅是一位学者，还是一名社会活动家，1967 年因为反对越战坐过牢。麻省理工学院为了保护这位“口无遮拦”的“院宝”，多次为他雇用保镖保护他的人身安全，因为他的名字曾经出现在邮件炸弹的黑名单上。其实，他是一位典型的学究，率性固执，但天真善良。据说，他在狱中因为不能给学生上课而感到不安和自责。

和以乔姆斯基理论为代表的语言学方法对立的就是统计学方法。1988 年，美国 IBM 公司沃森研究中心机器翻译小组发表了一篇关于机器翻译统计学方法的论文，并推出了法语和英语的翻译系统 CANDIDE。贾里尼克作为该小组的组长，成为了机器翻译统计学方法的代表。他的名言就是“我每开除一位语言学家，我的语音识别系统的性能就能提高 1 倍”。看得出来，他是多么不喜欢自然语言处理中的语言学方法。

乔姆斯基

所谓统计学方法，就是在大量数据的基础上形成语料库，通过概率统计来发现数据特征，建立数据模型。实际上，这是一种建立在大数据之上的机器学习方法。简单来说，一个词在生活中的用法多种多样，但在不同环境和场合中出现的频率不同，和其他词语关联的频率也不同。我们把这种出现的频率叫作概率，把各种词语出现的概率记录下来，建立一个词语统计模型。通过这样的统计模型，我们就可以分析和理解一个句子的意思。

就在乔姆斯基一边研究他的句法结构一边积极参与反战的社会活动时，另一位德裔犹太人魏森鲍姆在麻省理工学院编写了一个用于心理咨询的会话程序ELIZA。用今天的话说，这就是一个聊天机器人，它能通过计算机终端和人进行交流。其实，ELIZA 是一个超级简单的程序。它只是简单地在一个按词频排序的词库里进行搜索，如果找到了一个合适的单词来匹配，就在脚本库里选择一个合适的回复。

连魏森鲍姆教授自己也没有想到，这样一个小玩意儿竟然轰动一时。很多来麻省理工学院访问的学术界和新闻界人士都要来到他的办公室亲自和这位机器心理医生聊一聊。一次，一位来找魏森鲍姆教授谈合作的某公司副总裁在终端上聊了一会儿，觉得这玩意儿真不错。他认为一定有人在机器后面操作。于是在走的时候，他把自己的电话号码输入到终端上，说："有时间给我打电话，好吗？"可终端一直没有回答他。这可把这位副总裁气坏了，因为从来没有人敢这样怠慢他。其实他自己输完最后一句话后没有按回车键，机器不是傲慢，而是以为他的话还没有讲完，一直在毕恭毕敬地等着他结束对话呢。

魏森鲍姆

维诺格拉德不是乔姆斯基的学生，但他在读研究生的时候选修了语言学系乔姆斯基教授的句法课。因为他读的是人工智能专业，所以在期末考试的论文中，他试图说明为什么人工智能的方法可行。这让乔姆斯基很不开心，一气之下给了维诺格拉德一个 C

的成绩，吓得维诺格拉德再也不敢选乔姆斯基的课程了。不过，维诺格拉德的博士论文题目还是和语言有关，他开发了一个叫积木世界的东西。他用显示器展示了一个虚拟的积木世界，人们可以通过简单的自然语言，命令一个虚拟的机械手对这个积木世界里面的积木进行虚拟操作。如果机器不能确定人们给出的命令，就会向人们提问。整个系统就像一个游戏一样。

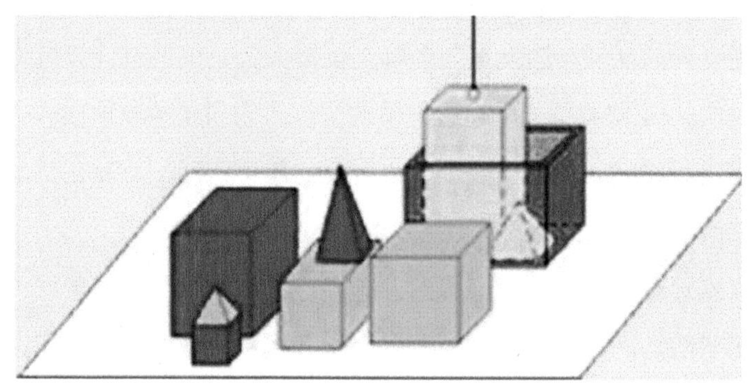

积木世界

维诺格拉德的积木世界远比魏森鲍姆的机器心理医生复杂，学术意义也更加深刻。它把当时的很多人工智能技术整合到了一起，除了自然语言处理外，其中还用到了规划和知识表达。它涉及语言的很多方面，包括语言的输入、输出和生成，知识的表示和理解，世界和思想。积木世界还暗含了一种哲学思想，即意义就是语言的使用。语言的使用就是心和物（世界）之间的交互。积木世界就是语言游戏，成为了一种研究语言的方法。为此，维诺格拉德获得了国际人工智能联合会颁发的第一届“计算机与思维奖”。

第2章 什么是人工智能

2.1 人工智能第一人

人类探索人工智能的历史悠久。人工智能真正成为一门学科是由有人工智能之父称号的麦卡锡在1956年夏天达特茅斯的那次研究活动中确立的，但人工智能概念的正式提出是在1948年，出自一个英国人，他的名字叫阿兰·图灵。

阿兰·图灵雕像

图灵从小聪明绝顶，正直清高。据说上中学时，他就表现出了过人的数学天分。在数学课上，他完全不听讲，也不看书，所有定理都是自己推导出来的。他把中学以前的数学知识从头到尾“发明”了一遍，这让老师和校长大为头痛。后来校长忍无可忍，把图灵的父亲找来告状，还嘲讽地说："你的孩子偏科，我们这里培养的是文化人，他要是想当科学家，那可是来错了地方。"鼠目寸光的校长做梦也没能预见到这个"偏科"的学生后来竟真的成为了世界上最伟大的科学家和哲学家之一。

作为富家子弟的图灵出身名校。据说他去英国剑桥大学入学报到的时候，他的父母为了避税，正带着全家在法国定居。他只好从法国跨越英吉利海峡去英国。可是渡轮到岸的时间太晚了，去学校的班车已经没有了。他二话不说，从行李里拿出随身携带的自行车，买了张地图，一路骑行赶往学校。然而，"车不作美"，中途坏了两次。近百千米的路程，他走了一夜，中途还在一家五星级酒店休息了一下。事后，他把这家五星级酒店的发票寄给父母，证明自己既没有说谎也没有乱花钱。

图灵是科班出身的数学家，在他生活的那个年代，数学就是脑袋加纸笔。他一直在想，既然数学是一门严谨而富于逻辑的学问，那么能不能发明一种机器代替纸笔进行数学运算，进而帮助人们解决一切数学和逻辑可以解决的问题？一天，他又躺在学校的草坪上仰天冥想，突然一个简单的机械装置浮现出他的脑海中，这就是后来被称为图灵机的虚拟计算装置。他的这个装置是现代计算机的核心原型和本质概括。

图灵机是一个简单得不能再简单的装置。它由 3 个部分构成：一条无限长的纸带，上面有无穷多的格子，每个格子里可以写 1 或 0；一个可以移动的读写头，每次可以向当前指向的格子读或写 1 或 0；一个逻辑规则器，可以根据在当前纸带位置上读到的是 1 还是 0，结合逻辑规则，指示读写头向前或向后移动一个格子，或在当前的格子里写入 1 或 0。

图灵证明了他的这个装置与计算理论中的邱奇演算和哥德尔递归函数等价，从而证明了这个简单装置的无限计算能力。有了图灵机，我们就可以把原来纯数学和逻辑的东西与物理世界的实体装置联系起来，函数变成了规则控制下的纸带和读写头。今天的电子计算机实际上就是图灵的这个虚拟计算装置的一个具体实现。被称为电子计算机之父的冯·诺依曼一直都说，他的思想来自图灵机，其核心内容就是存储程序结构，一个被编码的图灵机就是存储的程序。所以说计算机科学起源于图灵一点也不过分。1936 年他发表的那篇论文《论可计算数》和文中描述的图灵机成为了人类文明中具有划时代意义的里程碑。

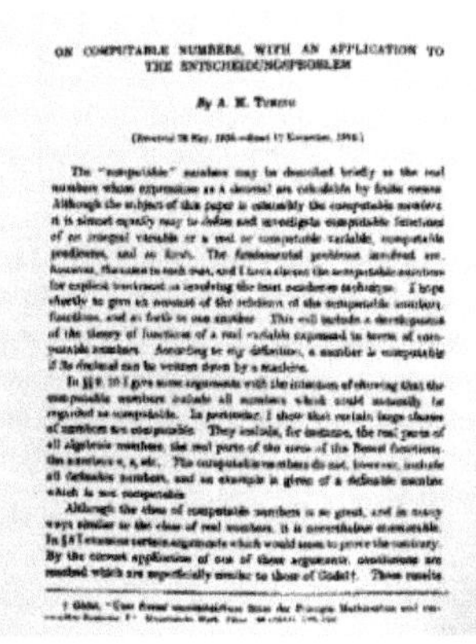
ON COMPUTABLE NUMBERS, WITH AN APPLICATION TO THE ENTSCHEIDUNGSPROBLEM

《论可计算数》

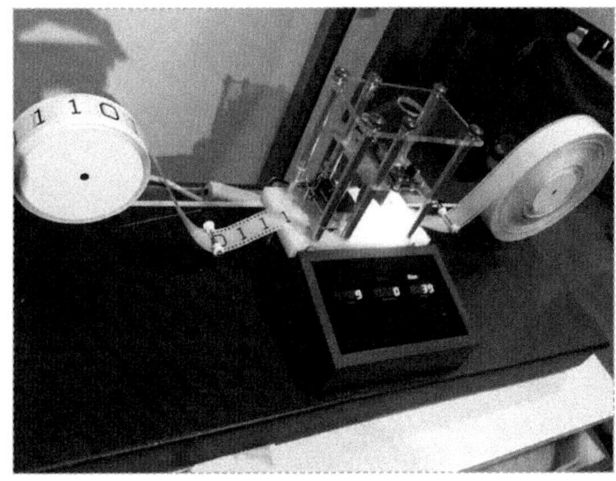

图灵机

1939 年 9 月 1 日，德国军队占领了波兰，2 日英国对德国宣战，3 日图灵被召往布莱切利园。这个庄园其实是英国政府的密码学校和密码破译基地，负责为英国海陆空三军提供密码加解密服务。图灵的工作是负责破解德国传奇的 Enigma 加密机。战时的工作十分繁重，据说一次图灵需要去伦敦参加一个紧急会议，但一时没有车可以送他，于是他说了一句“我自己解决吧”，就拔腿奔跑而去。64 千米的路对于他来说似乎毫不费力，会后他又自己跑了回来。图灵的长跑纪录是奥运会水平的，他本来想代表英国参加 1948 年的奥运会，但因为受了伤，只好放弃。

即使在战争中，图灵也没有放弃对机器与智能问题的思考。战后，他来到曼彻斯特大学任教。在朋友的催促下，他把他对机器与智能问题的思考写成了文章，这就是 1950 年他在英国哲学杂志《心》上发表的又一篇具有划时代意义的论文《计算机与智能》。在论文中，他提出了“模仿游戏”这个后来被人们称为“图灵测试”的人工智能的定义。该论文被公认为最早对人工智能进行系统化和科学化的论述。

“模仿游戏”很简单。两个封闭的房间里分别有一个人和一台机器，他们通过一个打字终端来回答屋子外面的人提出的问题。如果屋子外面的人不能通过提问判断两个房间里面回答问题的哪一个是人哪一个是机器，那么机器就被认为是有智能的。图灵不仅在论文中提出了“机器能思维吗”这个问题，而且提出了这个问题的各种变种；不仅给出了答案，而且预想了人们对于答案的可能异议以及对异议的反驳。他还进一步预测，2000 年机器的内存会达到 1GB。事实证明他的预测十分准确。

2011 年，IBM 公司的沃森超级计算机在美国的电视智力竞猜节目中击败人类，成为“图灵测试”里程碑式的证明，标志着人工智能的历史性飞跃。美国麻省理工学院的机器人专家布鲁克斯不无感叹地说道：“阅读图灵的文章，真是令人折服。他早就想到了这些玩意儿，没有人比他更先知。”

然而，图灵的聪明才智并没有让他的人生辉煌，他的个人生活一直困扰着他，还让他官司缠身。英国政府不但没有因为他在战时从事密码工作的贡献而保护他，反而吊销了他的安全许可，这意味着他从此没有办法在这个领域里工作。

1954 年 6 月 7 日，他被发现死在自己家中的床上，年纪还不到 42 岁。关于他的死因，至今众说纷纭。为了纪念和表彰图灵对计算机科学的贡献，美国计算机学会于 1966 年设立了图灵奖，这是一个被称为“计算机科学界的诺贝尔奖”的最高专业奖项。2009 年 9 月 10 日，图灵死后 55 年，在英国人民的强烈呼吁下，英国首相布朗面向全英国人民正式向图灵致歉。布朗说：“我很骄傲地说，我们错了，我们应该更好地对待你。”

图灵这个伟大的天才生时平凡，死时阴暗。像很多伟大的人物一样，他所有的荣誉和地位都是在他死后获得的。今天，在英国曼彻斯特公园里，图灵雕像的基座上刻着著名逻辑学家罗素的一句话："数学不仅有真理，也有最高的美，那是一种冷艳和简朴的美，就像雕像。"图灵被认为是人类历史上最伟大的 12 位哲学家之一，和亚里士多德齐名。也许伟大、光荣其实并不重要，重要的是真和美；也许你是谁也不重要，重要的是你为人类做过什么贡献。图灵以他对人工智能理论空前绝后的卓越贡献而成为人工智能第一人。

2.2 冯·诺依曼和第一台电子计算机

虽然人工智能和计算机科学是两个不同的研究领域，但人工智能其实一直和计算机科学密不可分，毕竟电子计算机又被人们俗称为电脑，而人工智能的核心就是基于逻辑电子电路的各种各样的计算方法。计算机科学一直都有两条互相交错的路线，理论路线的起源是我们前面讲过的图灵，而工程路线则可以追溯到冯·诺依曼，一位匈牙利裔美国数学家，第一台电子计算机的发明者。他们共同关注的课题都是大脑和智能。

冯·诺依曼是 20 世纪最重要的数学家之一，在纯粹数学和应用数学方面都有杰出的贡献。他生前的名气比图灵大得不止一星半点，图灵申请奖学金的推荐信还是冯·诺依曼写的。他慧眼识英雄，老早就看出图灵与众不同，曾经挽留过刚毕业的图灵留在普林斯顿大学给他做助手。后来他一再说，自己发明的电子计算机的核心概念，除了来自巴贝奇的一些预见，其余全部来自图灵。当然，这是后话，况且发明电子计算机也不是他唯一的成就和贡献。

冯·诺依曼

冯·诺依曼的职业生涯大致可以分为两个阶段。1940 年以前，他主要从事纯粹数学的研究，在数理逻辑、集合论和量子理论方面都卓有建树；他还开拓了遍历理论的新领域，运用紧致群解决了希尔伯特第五问题，在测度论、格论和连续几何学方面做出过开创性的贡献。在 1936 年到 1943 年间，他和数学家默里合作创造了算子环理论，即所谓的冯・诺依曼代数。

1940 年以后，冯・诺依曼进入了他职业生涯的第二个阶段，研究方向转向应用数学。如果说他的纯粹数学成就属于数学界，那么他在力学、经济学、数值分析和电子计算机方面的成就则属于全人类。第二次世界大战爆发后，冯・诺依曼因战事的需要开始研究可压缩气体的运动，建立冲击波理论和湍流理论，发展了流体力学。自 1942 年起，他同莫根施特恩合作，写作《博弈论和经济行为》一书。这是博弈论中的经典著作，使他成为数理经济学的奠基人之一。

冯・诺依曼发明电子计算机其实是一个巧合。第二次世界大战爆发后，冯・诺依曼就参加了美国研制原子弹的工作。在对核反应过程的研究中，要对一个反应的传播做出“是”或“否”的回答。解决这一问题通常需要通过几十亿次的数学运算和逻辑判断，为此他所在的洛斯阿拉莫斯实验室聘用了 100 多名女计算员，利用台式计算机从早到晚不停地计算，可还是远远不能满足需要。无穷无尽的数字和逻辑指令如同无底洞一样把人们的智慧和精力消耗殆尽，这让冯・诺依曼大伤脑筋。

1944 年夏季的一天，正在火车站候车的冯・诺依曼巧遇了戈尔斯坦中尉。当时，戈尔斯坦中尉是美国弹道实验室的军方负责人，他正在参与当时主要由英国科学家负责的 ENIAC 计算机的研制工作。在交谈中，戈尔斯坦告诉冯・诺依曼，ENIAC 计算机证明电子真空技术可以大大地提高计算技术。不过，ENIAC 计算机存在两大问题：一是没有存储器，无论是计算过程还是计算结果都无法保存在计算机里，每次运算都要从零开始；二是它用布线接板进行控制，搭接工作甚至需要几天来完成，计算效率也就被这一工作抵消了。他们正在寻找解决这两个问题的方法，想尽快着手研制另一台计算机，以便改进其性能。具有远见卓识的冯・诺依曼突然眼前一亮，他意识到了这项工作的深远意义。

电子计算机 ENIAC

不久，冯·诺依曼就由戈尔斯坦中尉介绍参加了 ENIAC 计算机研制小组。1945 年，在他的领导下，研制小组发布了一个全新的“存储程序通用电子计算机方案”（EDVAC）。在此过程中，冯·诺依曼显示出了他扎实的数理基础，充分发挥了他的顾问作用以及探索和综合分析问题的能力。冯·诺依曼以《关于 EDVAC 的报告草案》为题，起草了长达 101 页的总结报告。该报告广泛而具体地介绍了制造电子计算机和设计程序的新思想。这份报告是计算机发展史上的一份具有划时代意义的文献，它向世界宣告：电子计算机的时代开始了。

EDVAC 方案明确了新机器由 5 部分组成，其中包括运算器、控制器、存储器、输入设备和输出设备，并描述了这 5 部分的功能和相互关系。在报告中，冯·诺依曼对 EDVAC 中的两大设计思想做了进一步的论证，为计算机的设计树立了一座里程碑。

设计思想之一是二进制，他根据电子元件双稳态工作的特点，建议在电子计算机中采用二进制。他在报告中提到了二进制的优点，并预言二进制的采用将大大简化机器的逻辑线路。冯·诺依曼提出的计算机基本工作原理奠定了现代电子计算机的基础，使他成为了“电子计算机之父”。

1903 年 12 月 28 日，冯·诺依曼生于匈牙利布达佩斯的一个犹太人家庭。他的父亲是布达佩斯的一名银行家，母亲是一位善良的家庭妇女，贤惠温顺，受过良好的教育。

冯·诺依曼从小就显示出了数学和记忆方面的天分。在孩提时代，冯·诺依曼就有过目不忘的天赋。6 岁时，他就能用希腊语同父亲互相开玩笑，还能通过心算做 8 位数除法。8 岁时，他掌握了微积分。10 岁时，他花费了数月时间读完了一部 48 卷的世界史，并且可以将当前发生的事件和历史上的某个事件进行对比，讨论两者的军事理论和政治策略。12 岁时，他就读懂领会了数学家波莱尔的大作《函数论》。

在布达佩斯大学，他注册为数学系的学生，但他并不听课，只是每年按时参加考试，考试成绩还都是 A。与此同时，他却跑到柏林大学去听课。1923 年，他又进入瑞士苏黎世联邦工业大学学习化学，并在那里获得了化学工程学士学位。通过在每学期期末回到布达佩斯大学进行课程考试，他获得了布达佩斯大学数学博士学位。

1930 年，他首次赴美，成为普林斯顿大学的客座讲师。善于汇集人才的美国政府不久就聘他为客座教授。1933 年，普林斯顿高级研究院正式聘请他为教授。当时该研究院聘有 6 名教授，其中包括爱因斯坦，而年仅 30 岁的冯·诺依曼是他们当中最年轻的一位。

授　奖

1955 年夏天，X 射线检查出他患有癌症，这多少可能和他参加原子弹研制工作有关。随着病情的发展，他只能在轮椅上继续思考、演说及参加会议。在病中，他接受了耶鲁大学西里曼讲座的邀请，但在讲座期间，他的身体太虚弱了，没法到现场。到他去世时，讲稿也没有完成。1957年2月8日，他在医院里逝世，享年53岁。

冯·诺依曼才华超群。在他去世的前几天，肿瘤已经占据了他的大脑，但他的记忆力还是不可思议地好。一天，他的同事、数学家乌拉姆坐在他的病榻前，用希腊语朗诵一本他特别喜欢的修昔底德的书，书中讲述亚丁人进攻梅洛思的故事和佩里莱的演说。他一边听一边不断纠正乌拉姆的错误和发音。冯·诺依曼死后获得了极高的评价，过人才华和众多成就让他成为了人类历史上迄今为止屈指可数的几位伟大的科学家之一。

2.3 冯·诺依曼和人工智能

冯·诺依曼是一位大师级人物，他在数学、理论物理和逻辑等众多领域做出了重大的贡献和影响，历史上很少有人能企及。他和众多大师级人物的往来与交流影响和改变了许多人，比如图灵、纳什和麦卡锡等。他对人工智能的贡献也远不止发明了世界上第一台电子计算机，今天我们热烈讨论的阿尔法狗、神经网络等都与冯·诺依曼有着千丝万缕的联系。

1948年9月，一个关于人类行为中脑机制的研讨会在美国加州理工学院召开。长期以来，科学家们一直对人脑的结构和思维机制抱有浓厚的兴趣，生物学家、解剖学家、心理学家和神经学家都努力在自己的研究领域中探索人类行为中的脑机制，试图揭开人类思维的奥秘。加州理工学院召开的这场研讨会就是科学家们关于这一主题的一次交流活动。

加州理工学院坐落在素有阳光之州称呼的加利福尼亚的洛杉矶市。9月的气候和西海岸的风光确实让这次会议十分吸引人，但更有吸引力的是会议上来的一位大人物，他就是冯·诺依曼。一场关于认知科学的研讨会似乎与计算机和数学没有太大关系，那么这位计算机界的大人物为什么来参会呢？

冯·诺依曼在讲演

原来冯·诺依曼发明了第一台电子计算机以后一直有一个想法，那就是能不能发明一种具有足够的复杂性、在理论上能自我复制的机器——自动机？无疑他主创的电子计算机成为他思考的原型和出发点，但一种能自我复制的机器应该具有类似于人脑的机制，所以这场关于人类行为中脑机制的研讨会就引起了他的兴趣。他希望在计算机结构的基础上，开展可以接近人类大脑机制的人工自动机理论研究。

当时正在那里就读本科的约翰·麦卡锡恰巧也旁听了会议。这让他心潮澎湃，脑洞大开。后来他回忆说："正是这次会议激发了我对人工智能的浓厚兴趣和研究欲望。"是冯·诺依曼影响了这位后来被称为人工智能之父的年轻人。

冯·诺依曼在这次会议上发表了题为《自动机的通用和逻辑理论》的演讲，开启了细胞自动机的理论研究。此后，他的助手伯克斯在余生中都没有离开过细胞自动机研究，还培养了世界上第一位计算机科学博士霍兰德。冯·诺依曼在细胞自动机和DNA方面的研究工作自然也间接地影响到了霍兰德。在他的博士论文中，霍兰德首次提出了一种新的人工智能算法——遗传算法。霍兰德的大弟子巴托尔和巴托尔的大弟子萨顿后来又发明了强化学习理论。强化学习理论被用在谷歌的阿尔法狗上，击败了几乎所有的围棋大师。该理论也被用在卡内基·梅隆大学的Libratu机器牌手上，赢得了得州扑克大赛。所以，毫不夸张地说，受生物学启发的人工智能研究的根在冯·诺依曼。

什么是细胞自动机呢？简单地说，细胞自动机就是为模拟包括自组织结构在内的复杂现象提供的一种强有力的方法。自然界里许多复杂的结构和过程，归根结底都是由大量的基本组成单元通过简单的相互作用所形成的。细胞自动机给出了这些基本组成单元的简单相互作用的关系。

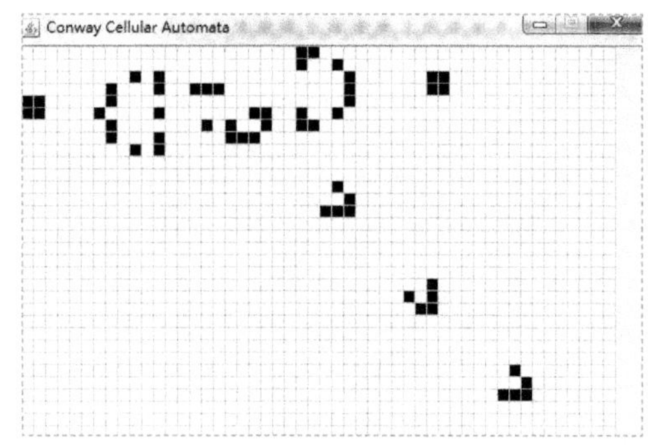

细胞自动机

为了理解细胞自动机，让我们看一个简单的例子。找一张画有许多格子的图纸，用铅笔将其中的一些格子涂黑后就可以得到一个图案。第一排也许有一个或几个格子被涂黑了，而一个简单的细胞自动机则通过确定某种简单的规则，从第二排开始往下画出新图案来。

具体到每一行中的每一个格子上，要观察其上一行中对应的格子及该格子两边的情况，然后根据这 3 个格子是否被涂黑以及黑白格子如何相邻的既定规则（比如，当这 3 个格子从左至右分别为黑、黑、白时，其正下面的格子为白，否则为黑），确定当前的格子是被涂黑还是留白。如此反复进行下去，一条或一组这样的简单规则及简单的初始条件就构成了一个细胞自动机。

细胞自动机理论主要研究由小的计算机或部件按邻域连接方式连接成较大的并行工作的计算机或部件的理论模型。

冯 · 诺依曼的工作还影响了计算机科学家沃尔夫勒姆。沃尔夫勒姆一直在研究细胞自动机，他的研究的副产品就是著名的数学软件 Mathematica 和搜索引擎 Alpha。沃尔夫勒姆在其《新科学》一书中 12 次提到冯 · 诺依曼，而排名第一的是图灵，他被提及 19 次。

冯 · 诺依曼为人热情，殷勤好客。他有一所方便聚会的大房子，每当闲暇之余，他就呼朋唤友前来聚会。每次聚会，朋友们总是想要和这位天才“斗智斗勇”，其中发生了许多有趣的故事。有一次，冯 · 诺依曼与几位数学家聚餐，被他们一起用伏特加一通猛灌。终于，冯 · 诺依曼不胜酒力，摇摇晃晃地去厕

冯·诺依曼在聚会上

所呕吐了。他从厕所回来后继续和朋友们讨论数学问题，思路还是异常清晰。朋友们面面相觑，感觉自己的智商完全被这位天才所碾压。

还有一次，他在宴会上和一位据称最了解拜占庭历史的历史专家发生了争执，争执源自冯·诺依曼对这位专家所描述的拜占庭历史的质疑。两人争得面红耳赤，各不相让。这时有人拿来了史学书籍，发现冯·诺依曼竟然一字不差地复述了书上的内容，这位历史专家只好闭嘴。不过，冯·诺依曼也表示，以后邀请这位拜占庭历史专家来聚会时，绝不再与其争论拜占庭历史。

冯·诺依曼逝世后，他的大作《计算机与人脑》才正式出版，书中预示了人工智能的发展路线。冯·诺依曼在不同场合都高度评价了图灵机和皮茨的神经网络。《计算机与人脑》的第一部分是“计算机”，第二部分是“大脑”，他把二者看成解决同一问题的两种方法。长期以来，人工智能研究领域就一直有符号学派和神经学派之分。符号学派就是计算机的代表，神经学派就是大脑的代表，他们各抒己见，互不相让。冯·诺依曼的《计算机与人脑》其实告诉大家，二者殊途同归，人工智能的两派应该互相倾听，互相学习，取长补短。

冯·诺依曼的故事是永远也讲不完的。

2.4 什么是人工智能

人工智能就在我们身边，但并非所有人都能留意到它的存在。在有些人的眼里，人工智能或多或少类似于科幻大片里的机器人，有着超人的智力和摆平一切的能力。在另一些人看来，计算机能做许多人类做不到的事，比如 1 秒完成数百亿次运算，人类再聪明也无法在计算速度上与计算机相比，这就是人工智能。那么，到底谁的看法正确呢？到底什么是人工智能呢？

尽管我们谈到的智能搜索引擎、智能助理、机器翻译、机器视觉、自动驾驶、机器人等技术都属于人工智能的范畴，但人工智能从来没有一个明确、公认的科学定义。历史上，人工智能的定义历经多次转变。一些粗浅的、未能揭示内在规律的定义很早就被研究者所抛弃，但被广泛接受的定义仍然有很多个，它们分别从不同的角度说明什么是人工智能。

“人工智能”一词最早是由麦卡锡提出的。他在为他发起的达特茅斯夏季科研项目筹集经费的报告中，第一次使用了“人工智能”一词。由此，那次科研聚会也被称为人工智能元年，人工智能作为一门正式学科被确立，麦卡锡自然成为了人工智能之父。

麦卡锡在报告中是这样描述人工智能的：“这个研究项目是对让机器可以模仿人类智能的各个方面的原理进行研究，从而使机器可以解决那些只有人类智能才能解决的问题。”也就是说，人工智能是让机器可以完成人们不认为机器能胜任的事。这个定义非常笼统，也非常有趣。一个计算机程序是不是人工智能，完全由这个程序能不能模仿人类思维来决定。这一定义反映了大多数人对人工智能的认识。

什么是人工智能

但不是所有人都认可这个定义。谷歌科学家李开复认为，从根本上讲，这是一种类似于仿生学的直观思路。既然叫人工智能，那么用程序来模拟人类的智慧就是最直截了当的做法。但历史经验证明，仿生学的思路在科技发展中不一定可行。

人类究竟是怎样思考的？这本身就是一个复杂的技术和哲学问题。要了解人类自身的思考方式，哲学家们试图通过反省与思辨，找到人类思维的逻辑法则，而科学家们则通过心理学和生物学实验，了解人类在思考时的身心变化规律。这两条道路都在人工智能的发展历史上起到过极为重要的作用。所以，人们关于人工智能的定义一直是众说纷纭，各抒己见。

在 20 世纪 60 年代中期，斯坦福大学的专家系统 Dendral 取得了令人瞩目的成功，衍生出一大批根据物质光谱推断物质结构的智能程序。Dendral 之所以能在限定的领域解决问题，一是依赖化学家们积累的有关何种分子结构可能产生何种光谱的经验知识，二是依赖符合人类逻辑推理规律的大量判定规则。从机器翻译到语音识别，从军事决策到资源勘探，Dendral 的成功事实上带动了专家系统在人工智能各相关领域的广泛应用。一时间，专家系统似乎就是人工智能的代名词，其热度不亚于今天的深度学习。

但是，人们很快就发现了基于人类知识库和逻辑学规则构建人工智能系统的局限性。一个解决特定的、狭小领域内问题的专家系统很难被扩展到稍微宽广一些的知识领域中，更别提扩展到基于世界知识的日常生活里了。1957 年苏联发射世界上第一颗人造卫星后，美国政府和军方急于使用机器翻译系统了解苏联的科技动态，但用语法规则和词汇对照表实现的从俄语到英语的机器翻译笑话百出，例如把“心有余而力不足”翻译为“伏特加不错而肉都烂掉了”，完全无法处理自然语言中的歧义和丰富多彩的表达方式。

生物学家和心理学家很早就开始研究人类大脑的工作方式，其中最重要的就是大脑神经元处理和传播信息（在物理上表现为一种刺激）的过程。早在通用电子计算机出现之前，科学家们就已经提出了有关神经元处理信息的假想模型，即人类大脑中数量庞大的神经元共同组成一个各部分相互协作的网络结构，信息通过若干层神经元的增强、衰减或屏蔽后，作为系统的输出信号，控制人体对环境刺激的反应（产生的一个动作）。

20 世纪 50 年代，早期人工智能研究者将神经网络用于模式识别，用计算机算法模拟神经元对输入信号的处理过程，并根据信号经过多层神经元处理后得到的输出结果对算法的参数进行修正。但限于当时的技术条件，这种基于大规模计算和大量数据的方法难成气候。直到 20 世纪 90 年代，随着计算机运算能力的飞速发展，神经网络在人工智能领域才获重生。但直到 2010 年前后，支持深度神经网络的计算机集群才开始得到广泛应用，供深度学习系统训练使用的大规模数据集也越来越多。神经网络这一仿生学概念在人工智能的新一轮复兴中，真正扮演了至关重要的核心角色。

然而，神经网络到底在多大程度上精确地反映了人类大脑的工作方式，这仍然存在争议。在仿生学的道路上，最本质的问题是，人类至今对大脑如何实现学习、记忆、归纳、推理等思维过程的机理还不完全了解，所以真实模拟人脑的运作其实还处于盲人摸象阶段。既然连人类智能都还没有真正搞清楚，又怎么能科学地给人工智能下一个明确的定义呢？

今天，“无学习，不人工智能”几乎成了人工智能研究的核心指导思想。许多研究者更愿意将自己称为机器学习专家，而非泛泛的人工智能专家。谷歌的阿尔法狗因为学习了大量专业棋手的棋谱，然后又从自我对弈中持续学习和提高，所以才有了战胜人类世界冠军的本钱。微软的小冰因为大量学习了互联网上的流行语料，才能用既时尚又活泼的聊天方式与用户交流。媒体更是大肆宣传说，人工智能应用在深度学习的基础上，是计算机从大量数据中通过自我学习掌握经验模型的结果。于是，有人定义人工智能是一种会学习的机器。

但是人工智能在学习方面远不如人类，特别是在抽象或归纳能力上十分逊色。一个小孩子可以轻轻松松地通过认识一辆车识别出大多数车来，但人工智能系统为了识别一辆车要经过上万次的学习才行。所以，这种定义人工智能的说法也有问题。

其实，针对人工智能，不同的定义将人们导向不同的研究或认知方向，不同的理解分别适用于不同的人群和语境。如果非要调和所有看上去合理的定义，我们得到的也许就只是一个全面但过于笼统、模糊的概念。

维基百科的“人工智能”词条采用的是斯图亚特·罗素（又译作斯图尔特·罗素）与彼得·诺维格在《人工智能：一种现代的方法》一书中所下的定义。他们认为，人工智能是关于“智能主体的研究与设计”的学问，而“智能主体是指一个可以观察周遭环境并做出行动以达成目标的系统”。

基本上，这个定义涵盖了目前各种不同的人工智能定义，既强调人工智能可以根据环境感知做出主动反应，又强调人工智能所做出的反应必须达成目标，同时不再强调人工智能对人类思维方式或人类总结的思维法则（逻辑学规律）的模仿。

关于到底什么是人工智能的定义过程，说明了人工智能其实还是一门十分年轻和有待进一步发展探索的学问。它所涉及的领域之广，方法之多，应用之众，让它成为了一门充满神奇魅力的科学，也引无数英雄各领风骚。

2.5 图灵奖——计算机界的诺贝尔奖

我们已经知道了图灵的故事，虽然他的发明创造并没有让他在生前名声大噪，但随着时间的推移，他的理论越来越被人们承认和证明是人类文明最重要的成果之一。计算机科学起源于1936年他发表的那篇论文《论可计算的数》是怎么说都不过分的公认事实。连世界上第一台电子计算机的发明人冯·诺依曼也一再说，他的发明来自图灵理论。

图灵提出的图灵机的伟大和深刻是到目前为止没有人所能超越的，至今全部的计算机理论最后都可以归结到图灵机上。而图灵机本身看上去又是那么简单明了，散发着人类智慧之光。就是这样一个简单得不能再简单的装置，被图

灵证明和邱奇的 λ 演算是等价的，而 λ 演算又被证明和哥德尔的递归函数等价。哥德尔曾经对自己的递归函数是不是最广义的计算装置不是很有把握，图灵机让他完全不再怀疑自己。

邱奇是一位美国数学家，1936 年发表可计算函数的第一个精确定义，对算法理论的系统发展做出了巨大贡献。邱奇在普林斯顿大学执教并工作了 40 年，曾任数学与哲学教授。后来，他到了加州大学洛杉矶分校。他的 λ 演算是一套用于研究函数定义、函数应用和递归的形式系统，这种演算可以用来清晰地定义什么是一个可计算函数。

λ 演算可以被称为最小的通用程序设计语言，它包括一条变换规则 (变量替换) 和一种函数定义方式。λ 演算的通用之处在于，任何一个可计算函数都能用这种形式来表达和求值。因此，它是等价于图灵机的。尽管如此，λ 演算强调的是变换规则的运用，而非实现它们的具体机器，可以认为这是一种更接近软件而非硬件的方式。它是一个数理逻辑形式系统，使用变量代入和置换来研究基于函数定义和应用的计算。而图灵则用了一个简单的物理模型——图灵机实现了它，伟大之处自不待言。

关于这个演算的名称 λ，其实来自一个排版错误。邱奇本来采用了罗素的标记法，采用 X 上面戴个小帽子的符号 $\hat{X}$，但排版工人找不到这样的字模，就用 λ 代替了。邱奇的整个演算系统都是基于这个小帽子的，于是 λ 就成了邱奇无名函数的代名词，邱奇演算也被叫作 λ 演算了。

如果图灵对人类的贡献仅限于计算机科学，那么他也许就没有今天这么崇高的声誉和地位。1950 年他在英国哲学杂志《心》上发表的文章《计算机与智能》，是他的又一个具有划时代意义的成就，成为历史上最早的关于人工智能的系统化的科学论述，是人工智能研究的指导性文献。文章中提出的“模仿游戏”，也就是“图灵测试”，一直是人工智能的一种判断标准和定义。

图灵很早就探讨了大脑皮层的发育过程，提出了人类智能发育从非组织化向组织化转变的看法，并指出人身上的任何部分都可以用机器来模仿。他还提到了基因、进化和选择。冯·诺依曼在他的启发下，提出人类神经系统的本质是数字的，尽管关于神经系统的化学和生物过程的描述可能是模拟的。现代物理学的一个假设就是整个宇宙都是离散的，即数字的。如果一切都是数字的，那么图灵机就是最简单而有力的模型。研究人工智能绕不开图灵机和以其为基础的整个计算机理论。

现在可以看出图灵和他的理论是多么伟大和不可思议。所以，1966 年美国计算机学会设立了图灵奖，以此来表彰科学家们在这个领域里做出的杰出贡献。由于图灵奖对获奖条件的要求极高，评奖程序又极其严格，一般每年只奖励一名计算机科学家，只有少数年份有两名合作者或在同一方向上做出贡献的科学家共享此奖。它是计算机界最负盛名、最崇高的一个奖项，有“计算机界的诺贝尔奖”之称。

图灵奖一般在下一年的 4 月初颁发，从 1966 年至今共有 70 名获奖者。按国籍分，美国学者最多，欧洲学者次之，华人学者目前仅有 2000 年图灵奖得主姚期智。据相关资料，截至 2018 年，美国斯坦福大学的图灵奖获得者数量位列世界第一，麻省理工学院和加州大学伯克利分校并列世界第二，哈佛大学和普林斯顿大学分列世界第四和第五。

初期奖金金额为 20 万美元，1989 年起增到 25 万美元，目前由谷歌公司赞助的奖金已经上升至 100 万美元。70 名得主分别来自不同的领域，排在前 6 位的领域有：编译原理、程序设计语言、计算复杂性理论、人工智能、密码学以及数据库。可以看出，在某种意义上，前 3 个领域与计算机科学本身的联系更密切一些，后 3 个领域则与应用系统的联系更密切一些，人工智能就在其中。毫无疑问，图灵之后的那些人工智能之父都先后在榜上有名，他们的故事我们会继续介绍。

第 3 章　人工智能研究的里程碑

3.1　达特茅斯学院的夏天

1956 年夏天，坐落在美国新罕布什尔州的达特茅斯学院宁静而美丽。当时正值暑假，学生们都跑出去享受夏天的阳光和乐趣了，校园里十分安静。没有人注意到一群貌不惊人的理工男正专注在自己的世界里，幻想着以自己的方式创造出一种具有人类智能的机器。他们时而高谈阔论，争吵不休；时而陷入深思，沉默寡言；时而把自己独自关在屋里，门上挂起“请勿打扰”的牌子；时而结伴在校园的草坪上散步漫行，倾心交谈。

这群人就是后来被称为人工智能之父的“大咖”们，他们在这个夏天神不知鬼不觉地开创了一门新的学科——人工智能。这一年也因此成为人工智能元年，人工智能研究历史上的一个里程碑。

故事还要从 1948 年秋天远在美国西海岸的加州理工学院说起。

1948 年 9 月，约翰·麦卡锡是加州理工学院的一名本科生。看上去文质彬彬、不苟言笑的他经常戴着一副理工男惯常佩戴的黑色塑料半框眼镜，这让他像他的专业数学一样乏味无趣，但他内心的朝气和才华让他造就了一门名为

特达茅斯学院

“人工智能”的学科。

加州理工学院被称为美国西海岸的麻省理工学院。9 月的气候和西海岸的风光让加州理工学院充满了浪漫和温馨，一个关于人类行为中脑机制的研讨会正在这里召开。

作为一名大学生，麦卡锡就像海绵一样尽情地吸收着一切让他感兴趣的知识。所谓近水楼台先得月，他跑去旁听了这次会议。会上来了一位大人物，他就是设计发明了世界上第一台电子计算机的美国数学家冯·诺依曼。冯·诺依曼的题为《自动机的通用和逻辑理论》的演讲引起了麦卡锡的浓厚兴趣，让他脑洞大开。这成为了他研究人工智能的导火索。

博士毕业后，约翰·麦卡锡来到达特茅斯学院工作。1955 年夏天，他接到了负责设计研发 IBM 701 计算机的纳萨尼尔·罗切斯特的邀请，来到 IBM 公司参加短期的研究活动。在那里，他们一边工作一边热烈地讨论如何使机器像人一样处理问题。他和罗切斯特一起说服了克劳德·香农和马文·明斯基，决定来年夏天一起在达特茅斯学院进行人工智能的共同研究。香农当时是贝尔实验室的一名数学家，在交换机理论和统计信息理论方面大名鼎鼎。明斯基当时是一名研究数学和神经学的年轻的哈佛学者。

麦卡锡

为什么研究如何使机器像人一样处理问题需要这些不同学科不同领域的人参加呢？其实，早期对人工智能的研究并没有确定的方法和方向，可以说是八仙过海，各显其能。对此感兴趣的科学家和学者都纷纷从自己的专业领域出发探索人工智能的可能性。当时，最接近人脑工作机制的就是刚刚发明不久的电子计算机，它能像人脑一样存储数据，并且可以像人脑一样在预定程序的控制下自动进行逻辑推理和数字计算，所以计算机专家自然成为了研究人工智能的主力军。神经学家、心理学家和脑专家也由于专门从事揭开人脑工作的秘密而当之无愧地成为研究人工智能的重要力量。我们知道，数学是万学之学。任何问题最后都可以归结为数学问题，而数学又是所有问题的最终答案和解决方法，所以数学家的参与不仅是自然而然的，而且是必需的。

到哪里去找经费来支持这项活动呢？为了筹集经费，麦卡锡亲自撰写了一份项目计划书，并给项目起了个响亮的名字叫“人工智能的夏季研究”。这是历史上第一次把用机器模仿人脑的研究工作命名为人工智能，也是历史上第一次开展人工智能专题研究。

在计划书中，麦卡锡写道：“我们打算在暑期的两个月里组织 10 个人的团队，专门进行人工智能研究。研究内容将包括所有在知识学习方面的基本推测和在本质上能精确描述使机器模仿人类其他智能方面的特征，试图找到任何让机器使用语言、具有抽象能力和掌握概念的方法，解决现在只有人类才可以处理的问题，让机器具有像人一样的智能。”富于想象和诱人的描写让他们最终成功地说服美国石油大亨洛克菲勒创办的基金会，争取到了基金会的慷慨赞助，于是就有了这次后来举世闻名的聚会。

参加这个暑期项目的人除了发起人麦卡锡、罗切斯特、香农和明斯基外，还有开发了跳棋程序的 IBM 公司的工程师阿瑟·塞米欧、对自动感应系统有着浓厚兴趣的麻省理工学院的奥利沃·塞尔弗里奇和瑞·所罗门诺夫、研究符号逻辑推理的科学家艾伦·纽厄尔和赫伯特·西蒙，以及来自 IBM 公司的另一名研究国际象棋程序的科学家伊莱克斯·伯恩斯坦。其实，具有不同背景的他们各自“心怀鬼胎”，但他们都有一个共同的目标，那就是让机器能完成当时只有人才能做的事情。

麦卡锡一直在试图建立一种类似于英语的人工语言，使机器可以用来自行解决问题。他提出了一种“常识逻辑推理”理论。设想一个旅行者从英国的格拉斯哥经过伦敦去莫斯科，计算机程序可以按以下方式分段进行处理：从格拉斯哥到伦敦，再从伦敦到莫斯科。但是，如果假设此人不幸在伦敦丢失了机票，那么他该怎么办？在现实中，此人一般不会因此取消原来去莫斯科的计划，他很可能会再买一张机票，但是预先设计好的模拟程序不允许如此灵活。因此，需要一种更符合现实的具有常识推理能力的逻辑。

后来，他提出了一种名为“情景演算”的理论，并发明了一种建立在数学推理的基础上的表处理语言“LISP”。但麦卡锡自己也承认，在某种语境下，进行基本的猜测常常是十分困难的。一个有趣的例子是关于美国前总统里根的一个笑话。白宫发言人奥涅尔欢迎新当选的里根总统时说：“恭喜您成为了格罗弗·克利夫兰（他指的是美国的一位前总统）。”里根微笑着答道：“我只是在电影中扮演过他一次（里根指的是棒球明星格罗弗·克利夫兰）。”这完全是张冠李戴。

在这个小组里，香农想把信息论的概念应用到计算机和大脑模型上。香农是信息论的奠基人，他提出的关于通信信息编码的三大定理是信息论的基础，为通信信息的研究指明了方向。

西蒙和艾伦是小组里最特殊的一对。他们曾经是师生，现在是极其亲密的

几位人工智能的奠基人：特雷查德·摩尔、约翰·麦卡锡、马文·明斯基、奥利沃·塞尔弗里奇和瑞·所罗门诺夫（在 2006 年 7 月纪念达特茅斯会议 50 周年的聚会上）

合作伙伴，同为人工智能符号学派的创始人。他们带来了他们正在开发的后来被称为“逻辑理论家”的程序，其中的符号结构和启发式方法成为了后来解决智能问题的理论基础。

和小组里的其他人都不同的是明斯基。他在大学里主修物理学的同时，还一口气选修了电气工程、数学、遗传学、心理学等五花八门的学科。后来，他觉得遗传学的深度不够，物理学的吸引力不足，在博士研究生期间时改为攻读数学，成为了一名数学博士。工作以后，他的全部兴趣又落在了人工智能方面。他在神经网络研究的基础上，探索让机器可以在所在环境下通过一种抽象模型自我生成。后来，他把自己的研究写成了一篇论文《面向人工智能的步骤》，这成为后来人工智能研究的指导性文件之一。

明斯基带到达特茅斯学院的是他发明的一个神经网络系统 Snare。他曾经跟《纽约时报》的记者说：“智能问题深不见底，我想这才是值得我奉献一生的领域。”他更把自己的研究延伸到几何学中的定理论证问题上，为后来的图形图像识别领域奠定了基础。明斯基成为了第一个在人工智能领域里获得图灵奖的人。

就是这样一群相貌普通但身怀绝技、看似无奇但内心“诡异”的人，在1956年的那个夏天，在暑期空荡的达特茅斯学院里，天马行空，追逐梦想。然而，当时没有人想到这样一个建立在参加者兴趣之上的自发的暑期研究活动竟成为了开启人工智能正式研究历史的里程碑。发起人麦卡锡、罗切斯特、香农和明斯基后来被誉为人工智能之父，这个暑期研究活动也由于为人工智能奠定了最初的理论基础和确立了主要研究方向而名驰遐迩。今天，在达特茅斯学院的贝克图书馆里，你可以看到一块高悬的匾额，用于纪念人工智能作为一门正式学科在这里开始。

3.2 克劳德·香农

在1956年的那个夏天，参加者中的香农见证了人工智能学科的诞生。20世纪50年代，图灵和冯·诺依曼两位大师相继离世后，香农成为人工智能领域承上启下的关键人物。他的突出贡献就是信息论，因而他又有着信息论之父的称号。

他的全名叫克劳德·香农，1916年4月30日生于美国密歇根州的佩托斯基，在一个仅有3000人的小镇上长大。别看镇子小，他却生长在一个良好的教育环境中。小时候对他影响最大的是他的祖父，一位农场主兼发明家，发明过洗衣机和许多农业机械。香农从小就十分崇拜大发明家爱迪生，后来他才知道原来爱迪生竟然是他家的远房亲戚。

香 农

早在攻读电气工程硕士学位的时候，香农的才华就崭露头角。当时他在麻省理工学院的硕士论文题目是《继电器与开关电路的符号分析》。在学习中，他注意到电话交换电路与布尔代数之间存在相似性，布尔代数的“真”与“假”和电路系统的“开”与“关”其实是一种对应关系，可以用 1 和 0 表示。于是他用布尔代数分析并优化开关电路，奠定了数字电路的理论基础。哈佛大学的教授曾经称赞他的论文是本世纪最重要、最著名的一篇硕士论文。

1940 年，香农在博士毕业后来到了普林斯顿高等研究院工作，在那里他认识了冯·诺依曼。当时他正在研究信息的定义，怎样数量化信息，怎样更好地对信息进行编码。在这些研究中，香农提出了一种度量信息的概念，用于衡量信息的不确定性。香农原本打算用“不确定性”来表达这个概念。当他和冯·诺依曼讨论这个问题时，冯·诺依曼向香农建议说：“你应该把它称为熵。”冯·诺依曼的理由是“不确定性”这个概念已用于统计力学，而没有人知道熵到底是什么，不致引起争论。

我们知道，质量、能量和信息量是 3 个非常重要的量。人们很早就知道用秤计量物质的质量，而到了 19 世纪中叶，热量和功的关系随着热功当量的明确和能量守恒定律的建立也逐渐清楚。“能量”一词就是它们的总称，而能量的计量则通过卡、焦耳等新单位的出现而得到解决。

关于文字、数字、图像、声音的知识已经有几千年的历史，但是它们的总称是什么，它们如何统一地进行计量，直到 19 世纪末还没有被正确地提出来，更谈不上如何去解决了。20 世纪初期，随着电报、电话、照相、电视、无线电、雷达等的发展，如何计量信号中的信息量就成了一个引人关注的问题。

香农在想办法把电话中的噪声除掉时，他给出通信速率的上限，并在进行信息的定量计算时，明确地把信息量定义为随机不定性的减小。1948 年，香农发表了长达数十页的论文《通信的数学理论》，正式催生了信息论。在他的通信数学模型中，他清楚地提出了信息的度量问题，并采纳了冯·诺依曼的建议，正式提出了以熵（H）命名的计算信息量的著名公式。

$$H=-\sum P_i \lg P_i$$

香农还提出了计量信息量的单位比特。今天在计算机和通信领域中广泛使用的字节（B）、千字节（KB）、兆字节（MB）、吉字节（GB）等单位都是从比特演化而来的。比特的出现标志着人类知道了如何计量信息量。香农的信息论为明确信息量的概念做出了决定性的贡献。熵这个经典的概念跨越了信息论、物理学、数学、生态学、社会学等领域，是香农创立的信息论中最核心的概念，代表了一个系统内在的混乱程度。

虽然香农在生前与图灵和冯·诺依曼都做过同事，但他不像他们那样——一个生前默默无闻，一个虽大名鼎鼎但也只是在业内闻名。香农可是荣登过《时代》《生活》和《通俗科学》等杂志封面的公众人物，这和他发明的一个小老鼠有关。

这事发生在 1952 年，香农参加了当时的一部宣传片的拍摄。

“大家好，我是贝尔实验室的数学家克劳德·香农。”当摄像机镜头逐渐拉近时，一位穿西装、打领带、身材修长的男人用活泼轻快的语言做自我介绍。在影片中，他演示了一只带有铜须的木制玩具老鼠，他把它叫作忒修斯。

香农的这只木老鼠是一个走迷宫的高手。它能通过不停地随机试错，穿过一座由金属墙组成的迷宫，直到在出口处找到一块金属“奶酪”。最厉害也最具独创性的是，这只木老鼠还能记住这条路线，在下一次试验中漂亮地完成任务。在下一次试验中，即使迷宫的墙壁有所移动，都难不倒它。

香农在影片中告诉大家：“解决一个问题并记住解决方案，涉及一定程度的心智活动，这已经有点类似于人类的大脑了。”对于当时的美国观众来说，这只木老鼠几乎就是今天科幻影视中的机器猫。一夜之间，香农就成了家喻户晓、人尽皆知的传奇人物。

这只木老鼠以及整个迷宫系统，是香农和他的妻子花了无数个夜晚建造起来的。他说，灵感来自他对儿童积木玩具的喜爱，以及他对位于伦敦汉普顿宫

香农和他的老鼠迷宫

中的树篱迷宫的兴趣。

其实，设计这只木老鼠以及整个迷宫系统都不过是香农和他的妻子在业余时间的娱乐。香农曾谦虚地称自己的这些玩意不过是“有趣而毫无用处”。其实，他的发明兴趣几乎是无穷无尽的，他的奇思妙想也似乎层出不穷。

在他家的工作室中，奇妙的发明堆积如山，有火焰发射喇叭和变戏法的机器人，还有一组独轮车队、一台用罗马数字操作的计算机器等。他还和麻省理工学院的教授爱德华·索普一道发明了第一台可佩戴的计算机，可在轮盘赌时使用。他们竟然还真的跑到拉斯维加斯测试其效果，结果赚了不少钱。幸好在当时的赌场中他们没有被人发现，不然一定会被轰出赌场，永远不许再进入。

当然，香农对人工智能的兴趣最浓厚。他在早年间就设计了会下国际象棋的计算机程序。1949 年，香农发表了著名的论文《编程实现计算机下棋》，这是人工智能领域萌芽期的一篇杰作。后来击败国际象棋世界冠军的“深蓝”和击败围棋世界冠军的阿尔法狗，都是在香农开拓的机器下棋领域里的新成就。

与冯·诺依曼和图灵一样，香农也在反法西斯战争中立下了不朽的功勋。他长期在贝尔实验室工作，他在第二次世界大战期间研究的通信理论和保密系统理论被美军采用。他参与制作的通信加密设备被用于盟军领袖罗斯福、丘吉尔、艾森豪威尔和蒙哥马利等人之间的绝密通信，保护了盟军的情报安全。这套设备在打击德国法西斯的飞机和导弹，尤其是在粉碎德国对英国发动的闪电战中发挥了重大作用，功不可没。

克劳德·香农，让我们记住他的名字吧！

3.3 西蒙与纽厄尔

我们必须承认，参加达特茅斯暑期项目的人一个比一个更了不起。如果说香农多才多艺、身怀绝技，那么西蒙与纽厄尔更是双剑合璧，他们是绝无仅有的一对天才。他们从认识到合作，携手共事 40 多年，共同成为人工智能符号学派的创始人，在学界传为佳话。

谦虚多才的西蒙完全不是技术出身，他就读于芝加哥大学政治系，学的是政治学。1943 年获得芝加哥大学的政治学博士学位后，他先后担任过多个政府部门和协会的顾问。西蒙的博学足以让世人折服。他在一生中从 8 所名校里获得过 9 个博士头衔：芝加哥大学政治学博士、凯斯工程学院科学博士、耶鲁大学科学博士和法学博士、瑞典隆德大学哲学博士、麦吉尔大学法学博士、鹿特丹伊拉斯姆斯大学经济学博士、密歇根大学法学博士以及匹兹堡大学法学博士。光是这些博士头衔就足以让人头晕目眩了，更不用说由于他在决策理论研究方面的突出贡献，他还获得过 1978 年度诺贝尔经济学奖。当时瑞典皇家科学院给他的评价是："就经济学最广泛

西 蒙

的意义来说，西蒙首先是一名经济学家，他的名字主要是与经济组织中的结构和决策这一相当新的研究领域联系在一起的。”

其实，在芝加哥大学读本科期间，西蒙就一边吸收着大量的经济学和政治学方面的基础知识，一边熟练地掌握了高等数学、符号逻辑和数理统计等重要技能。1936年从芝加哥大学毕业的他应聘到国际城市管理者协会工作，很快成为用数学方法衡量城市公用事业的效率的专家。在那里，他第一次用上了计算机，对计算机的兴趣和实践经验对他后来的事业产生了重大影响。1949年，西蒙应邀来到卡内基·梅隆大学，先是任行政学与心理学教授，后来任计算机科学与心理学终身教授。作为该大学工业管理研究生院的创办人之一，他开创了组织行为和管理科学两大学术领域。他倡导的决策理论是以社会系统理论为基础，吸收古典管理理论、行为科学和计算机科学等的内容而发展起来的一门边缘学科。

纽厄尔比西蒙小11岁，1927年3月19日生于旧金山。他的父亲是斯坦福医学院放射学教授，精通物理和古典文学，还擅长钓鱼、淘金和做木工。他们家在山上有一座小木屋，这是他爸爸自己亲手盖的。纽厄尔对爸爸十分崇拜，称他是“一个十全十美的知识分子”。

有其父必有其子。纽厄尔毕业于斯坦福大学物理专业，毕业后他去普林斯顿大学研究生院攻读数学。不过一年后，他就辍学到兰德公司工作，和美国空军合作开发早期预警系统。可能这就是命运的安排，如果他不辍学到兰德公司工作，也不会那么早就认识了西蒙。在兰德公司，两人相见恨晚，十分投机。预警系统需要模拟在雷达显示屏前工作的操作人员在各

纽厄尔

纽厄尔和西蒙

种情况下的反应，这导致纽厄尔对“人如何思维”这一问题产生了兴趣。也正是从这个课题开始，纽厄尔和西蒙建立起了合作关系。

西蒙那时已经是卡内基理工学院（后改称卡内基·梅隆大学）工业管理系的年轻系主任，他力邀纽厄尔到卡内基理工学院，并亲自担任纽厄尔的博士生导师，开始了他们终生的合作。虽然西蒙是纽厄尔的老师，但是他们的合作是平等的。他们合作的文章的署名通常是按照字母顺序排列的，纽厄尔在前，西蒙在后。参加会议时，西蒙如果见到别人把他的名字放在纽厄尔之前，通常都会纠正过来。

前文提到，1955年圣诞假期结束后，西蒙教授走进教室向学生们宣布：“在刚刚过去的这个圣诞节，我和我的同事纽厄尔发明了一台可以思考的机器。”他所说的就是后来他们带到达特茅斯学院的“逻辑理论家”，那是当时唯一可以工作的人工智能软件。

“逻辑理论家”是一款计算机模拟程序，它采用了产生式系统结构，以逆向搜索为主要的工作策略，参照适当的启发法，成为第一个启发型产生式系统和第一个成功的人工智能系统。什么是产生式系统结构呢？简单地说，它就是一种模仿人类思考的过程、表达具有因果关系的知识的计算系统结构。我们通常是这样认知一个事物的：如果一种动物会飞且会下蛋，那么这种动物就是鸟。把这种认知过程用符号系统表示出来就是“逻辑理论家”的一个创举。

一般解决问题的方法是从条件出发去寻找答案，由因寻果。但“逻辑理论家”在产生式系统结构上采用了一种相反的方法，就是从果出发，看它能不能符合因的要求，如果可以，这个果就是正确的答案。这就是逆向搜索。这就像我们在考试时的做法一样，通常先看题目，再选择可能的答案选项。但是，如果我们先看可能的答案选项，然后“带着问题”去看题目，则获得答案的速度可能更快，也更容易。

纽厄尔和西蒙在研究下棋程序

当然，“逻辑理论家”比我们这里说的要复杂得多。它运用了一套复杂、抽象的符号系统来表达知识，通过符号运算的各种规则去解决问题。所以，它成功地支持了物理符号系统理论，加速了信息加工观点在心理学中的渗透，开辟了人工智能的一个新领域，开创了计算机模拟认知心理学的方法。

达特茅斯会议以后，西蒙与纽厄尔又进一步开发了 IPL 语言。这是最早的一种人工智能程序设计语言，其基本元素是符号，并首次引进了表处理方法。

1966 年，西蒙、纽厄尔和另外一名科学家合作，开发了最早的一款下棋程序 MATER。在研究自然语言理解的过程中，西蒙和纽厄尔发展与完善了语义网络的概念和方法，把它作为知识表示的一种通用手段，并取得了很大的成功。1975 年，西蒙和纽厄尔因为在人工智能、人类心理识别和表处理等方面进行的基础研究，荣获计算机科学最高奖——图灵奖。

他们在获奖时联合发表演讲说，计算机科学应该是“按经验进行探索”的科学，因为现实世界中所存在的对象和过程都可以用符号来描述和解释，而包含着对象和过程的各种“问题”都可以启发式搜索为主要手段去获得答案。对这种搜索进行公式化的技术则取决于对对象和过程理解的深度。他们认为，程序可以在专家水平上或者在有能力的业余爱好者的水平上去解决问题。

获奖后，西蒙和纽厄尔再接再厉，于 1976 年给“物理符号系统”下了定义，提出了“物理符号系统假说”，因此成为了人工智能领域中影响最大的符号学派的创始人。符号学派的哲学思路，也就是“物理符号系统假说”，简单说来就是智能是对符号的操作，最原始的符号对应于物理客体。

3.4 马文·明斯基

我们已经看到了，来达特茅斯学院参加聚会的人都是“大咖”。他们的一个共同特点就是兴趣广泛，涉猎众多，才思过人。知识分子家庭出身的明斯基也是如此。

在小学和中学阶段，明斯基上的都是私立学校，对电子学和化学表现出浓厚的兴趣。进入哈佛大学后，他主修的是物理学，但他选修的课程包括电气工程、数学以及遗传学等，涉及多个学科专业。有一段时间，他还在心理学系参加过课题研究。后来他放弃物理学，改修数学，因为他认为数学是万学之源。1950 年毕业后，他进入普林斯顿大学研究生院读博士。在此期间，他深入思考了一直让他好奇的思维是如何萌发并形成的这一问题，提出了神经网络和脑模型的一些基本理论。

其实，早在读大学的时候，他就接触到了关于心智起源的学说与当时的流行理论，但他对那些时髦的说法不以为然。新行为主义心理学家斯金纳根据一些动物行为的事实提出理论，把人的学习与动物的学习等同起来。这是当时大学里流行的一种理论，明斯基觉得难以接受，他下决心要把人到底是怎样思维的这件事弄清楚。

明斯基

当图灵在英国开始研究机器是否可以思考这个问题的时候，明斯基也在美国普林斯顿大学开始研究同一问题。在读博士期间，他提出了关于思维如何萌发并形成的一些基本理论，并建造了一台学习机，其名为 Snare。这是世界上第一个用 3000 个真空管搭建的神经网络模拟器，其目的是学习如何穿过迷宫。它模拟一个由 40

个神经元组成的并可对成功的结果给予奖励的神经网络系统。这 40 个神经元被明斯基称为“代理”。基于“代理”的计算和分布式智能是当前人工智能研究中的一个热点，明斯基是最早提出“代理”概念的学者之一。

Snare 虽然还比较粗糙和不够灵活，但它毕竟是人工智能研究中最早的尝试之一。在 Snare 的基础上，明斯基综合利用他多学科的知识，解决了使机器能根据有关过去行为的知识来预测其当前行为的结果这一问题，并以《神经网络和脑模型问题》为题完成了他的博士论文。不过，一篇数学专业的论文大谈特谈人工智能领域的神经网络似乎有点不着边。在答辩的时候，答辩委员会的教授提出异议，好在冯·诺依曼出来为他说话。冯·诺依曼说：“就算现在看起来它跟数学的关系不大，但总有一天，你会发现它们之间是存在着密切联系的。”有“大佬”站台，明斯基于 1954 年顺利取得了数学博士学位。

18 世纪的法国学者拉美特里写过一本名著《人是机器》，主张生理决定论，即人的意识依赖生理组织，人一旦死亡，灵魂就不存在了。明斯基也是这样认为的。他深信尽管人脑极其复杂，可以进行判断和推理，有记忆，有情绪，但是本质上它依然是一台机器。这台机器是可以用计算机模拟的。在他的眼里，人与机器的边界最终将不复存在，人不过是肉做的机器，而钢铁做的机器有一天也能思考。明斯基甚至公开预言说，计算机的智能虽然未必能胜过所有人，但肯定会超过大多数人，只是不知道这一天何时来临。他告诫大家要小心，也许某天一台超级计算机突然做出决定，要用地球上所有的资源造出更多的超级计算机，达到它自己的目的。

明斯基和《2001：太空漫游》

1968 年，他受邀参与指导科幻电影《2001：太空漫游》

的拍摄。导演斯坦利上门拜访时谦虚地向他求教，向他咨询计算机图形学的现状，以及在2001年之前计算机能否字正腔圆地说话。这时的明斯基已经是享誉界内的人工智能“大咖”了。

在电影的拍摄中，他没有参与讨论剧情，而是对影片中HAL 9000计算机应该是什么模样发表了意见。导演斯坦利原本为了让HAL 9000看上去更有视觉效果，采用了一台装饰着彩色标签的计算机。当他征求明斯基的意见时，明斯基却说：“我认为这台计算机实际上应该只是由许多小黑盒子组成，因为计算机需要通过引线传递信息来知道它里面在做什么，而不是华丽的标签。”于是，斯坦利把原来的装饰撤掉，设计了一台简单的、看上去更漂亮的HAL 9000计算机。斯坦利希望所有的技术细节都是合理的，这样看上去才更真实。

达特茅斯聚会后不久，明斯基就从哈佛大学转到了麻省理工学院。这时麦卡锡也由达特茅斯学院来到麻省理工学院与他会合，他们在这里共同创建了世界上第一个人工智能实验室。在这个实验室里，明斯基开发出了世界上最早的能够模拟人类活动的机器人Robot C，使机器人技术跃上了一个新台阶。当然，最值得一提的还是他在1975年提出的框架理论。

框架理论的核心是以框架这种形式来表示知识。框架的顶层是固定的，表

明斯基和他的机器人

示固定的概念、对象或事件。它的下层由若干个槽组成，其中可填入具体值，以描述具体事物的特征。每个槽可以有若干个侧面，对槽做附加说明，如槽的取值范围、求值方法等。这样，框架就可以包含各种各样的信息，例如描述事物的信息、如何使用框架的信息、对下一步发生什么的期望以及期望没有实现时的应对方法等。利用多个有一定关联的框架组成框架系统，就可以完整而确切地把知识表示出来。明斯基最初把框架作为视觉感知、自然语言对话和其他复杂行为的基础提出来，但框架理论一经提出，就因为它既是层次化的又是模块化的，在人工智能界引起了极大的反响，成为通用的知识表示方法而被广泛接受和应用。不但如此，它的一些基本概念和结构也被后来兴起的面向对象的技术和方法所利用。今天流行的 C++、Java 等程序设计语言都是在明斯基的框架理论的启发和指导下产生的。

明斯基的传奇之处在于他永无止境的好奇心。他的学生曾经这样评价他："明斯基是定义计算和计算研究内容的先驱者之一……那时候有四五个才华横溢的人，他们早早地开始关于人工智能的全面研究，他们的个性与成就被深深地铭刻在计算领域的史册上，而明斯基正是其中之一。"在人工智能领域，明斯基以坚信人的思维过程是可以用机器去模拟而著称，他的名言就是"大脑无非是肉做的机器而已"。

第 4 章　人工智能的数学基石

4.1　莱布尼茨与微积分

微积分的创立被誉为人类精神的最大胜利，它把过去以常量为核心的数学推进到以变量为核心的数学，成为了一件具有划时代意义的大事。微积分也成为现代一切自然科学和工程技术的基础和工具，人工智能技术自然也离不开它，更离不开它的创立人之一——莱布尼茨。提起微积分，你不能不知道莱布尼茨和牛顿他们两个人关于微积分的世纪大战。

莱布尼茨

微积分解决的到底是什么问题呢？为什么莱布尼茨和牛顿要为微积分的发明打一场世纪大战呢？这不能不从早期人类对科学的探索说起。

公元前 7 世纪，古希腊科学家、哲学家泰勒斯就对球的面积、体积与长度等问题进行了研究，试图提出一种通用的计算方法。公元前 3 世纪，古希腊数学家、力学家阿基米德又在自己的著作《圆的测量》和《论球与圆柱》中试图解决抛物线下的弓形面积、球和球冠的面积、螺线下的面积和旋转双曲线所得的体积等问题。中国古代的数学家也早在三国时期就对割圆术及求体积问题做过设想。这些都涉及后来微积分要解决的问题。

到了 17 世纪，天文、航海等领域的许多科学问题都涉及在运动和变化中计算位置、速度和大小的问题，成为促使微积分产生的直接因素。这些问题的一个核心就是函数(或变量间的关系)的概念。我们在中学里就已经开始学习函数的概念了。随着函数概念的采用，微积分就产生了，把运动和变化引进了数学，让数学不再只是几何和算术，而是成为研究和表达普遍问题和特殊问题的计算科学。微分学解决的中心问题是运动轨迹下的切线问题，积分学的中心问题是变化情况下的求积问题。

1646 年 7 月 1 日，莱布尼茨出生于德国东部名城莱比锡。莱布尼茨从小就很聪慧，12 岁时自学拉丁文，阅读了父亲的私人图书馆中的大量拉丁文古典著作。14 岁时，莱布尼茨进入莱比锡大学攻读法律。20 岁时，他递交了一篇出色的博士论文，但因为年纪太轻而被拒绝。后来黑格尔说，其实是因为莱布尼茨的学识过于渊博，当时学界的“大佬”们因为嫉妒而无地自容。但这阻挡不了第二年纽伦堡的一所大学授予了他博士学位。

莱布尼茨是历史上少见的通才，被誉为 17 世纪的亚里士多德，著名的哲学家罗素也称赞他为“千古绝伦的大智者”。莱布尼茨最大的成就在于哲学和数学方面，但他不是一个职业学者。法学出身的他在毕业以后当起了德意志贵族们的法律顾问和幕僚，往返于欧洲的各大城市之间，为他们服务。据说他关于微积分的研究都是在颠簸的马车上完成的，当然其中最优美的还有他在伦敦旅行期间发现的圆周率的无穷级数表达式。

1684 年，莱布尼茨发表了他的第一篇微分学论文《一种求极大与极小值和求切线的新方法》。这是数学史上第一篇正式发表的微积分文献，也是莱布

莱布尼茨的手稿

尼茨对他自1673年以来进行微积分研究的总结。1686年，他又发表了他的第一篇积分学论文《深奥的几何与不可分量及无限的分析》。这篇论文论述了积分（或求积问题）与微分（或切线问题）的互逆关系。从几何学入手，莱布尼茨引进了常量、变量和参变量等概念，形成了微积分的基本计算理论。他还提出了一整套微积分符号，奠定了今天在微积分中使用的符号表达系统。

莱布尼茨的这两篇论文让他得以宣称自己是微积分的第一创始人。微积分的意义十分重大，1700年莱布尼茨在整个欧洲被公认为当时最伟大的数学家，可这下惹怒了牛顿。牛顿，大家都应该知道，他发现的万有引力定律是古典物理学的基石之一。其实，早在他不停地做实验、潜心思考支配宇宙的物理法则的同时，他也思考了微积分所涉及的数学问题，并创立了称为流数法的微积分。但牛顿的发明和发现大多是在他几乎与世隔绝的乡下住所里完成的，并且在他大半生的时间里，他从未将这一发明公之于世，而仅仅将自己的私人稿件在朋友之间传阅。直到发明微积分10年之后，牛顿才正式出版了相关著作。

客观地说，莱布尼茨是在晚于牛顿的1675年才发明微积分的，但他发表微积分论文的时间的确早于牛顿。这让两位科学巨人在微积分发明权的归属上大打出手、互不相让，一场“战争”就这样开始了。

莱布尼茨曾看过牛顿早期的研究，牛顿因此认定莱布尼茨剽窃了自己的成果，他开始最大限度地利用自己的声望来攻击莱布尼茨。牛顿声称，莱布尼茨知道自己首先发明了微积分，他能证明这一点。依靠自己多年树立的巨大声望，牛顿指使亲信撰文攻击莱布尼茨。牛顿的支持者们暗示莱布尼茨剽窃了牛顿的理念，并帮着牛顿反驳各种回应和指责。

莱布尼茨自然也毫不退让，任何人都不会对这样的攻击置之不理。在他的支持者的帮助下，莱布尼茨奋起反击。莱布尼茨宣称，事实的真相是牛顿借用了他的理念。他积极联络欧洲的学者，一封接一封地写了许多信为自己辩护。莱布尼茨还匿名发表了多篇为自己辩护以及攻击牛顿的文章。利用他在欧洲贵族中的人脉，他甚至将争论引入到政府层面，还把状告到了英国国王那里。

微积分之争日趋激烈，牛顿和莱布尼茨以公开或秘密的方式相互攻击。他们一方面请人代写评论，另一方面自己发表匿名文章。两人都是十分有影响力的科学“大佬”，都有自己的资源和人脉，他们充分利用自己的声望号召更多的人支持自己。当时的学者由此也分成两个对立的阵营。两人收集了大量的证据，写了大量证明自己观点的文章。每次看到对方的指控时，两人都会怒不可遏、兵戎相见。直到莱布尼茨于 1716 年去世，这场“战争”似乎才算结束。其实，莱布尼茨的离世并未让微积分之争彻底收场，因为牛顿一直没有停止“战斗”，仍在继续发表攻击性的文章。

现在历史学家的共识是，牛顿和莱布尼茨分别独立发明了微积分。莱布尼茨发明的时间晚，但发表在先。在微积分的表达形式方面，莱布尼茨花了很多精力去选择巧妙的记号，现代教科书中的积分符号“$\int$”和微分符号“$\mathrm{d}x$”都是由莱布尼茨发明的。

莱布尼茨还在另外两个贡献上深远地影响了后来的计算机科学。一是他改进了布莱士·帕斯卡的加法器，实现了可以计算乘法、除法和开方的机械式计算机，这对后来的计算机先驱巴贝奇有很大的启发作用。二是他发明了二进制。二进制使得所有的整数都可以用简单的 0 和 1 两个数来表示，最终使得电子计算机中数字的存储和运算被大大简化。

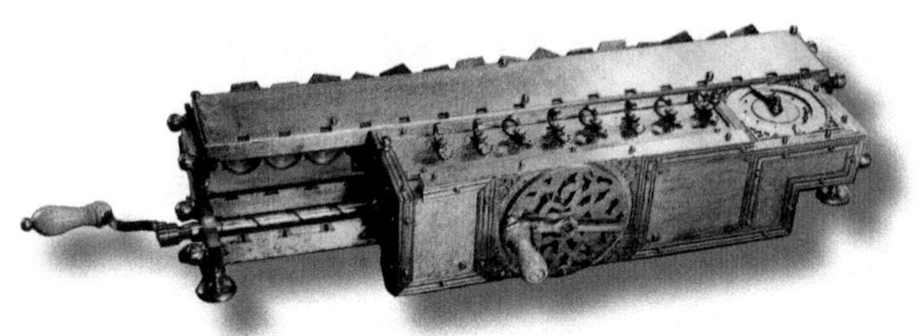

莱布尼茨发明的计算机

莱布尼茨，一个伟大的头脑和一场无味的战争。也许人性就是这样，天才也有自私狭隘的一面。莱布尼茨和牛顿的故事，是一个关于人类的骄傲本性的永恒教训！

4.2 数理逻辑

什么是数理逻辑呢？它为什么对人工智能那么重要呢？

数理逻辑又称符号逻辑或理论逻辑。它既是数学的一个分支，又是逻辑学的一个分支，是用数学方法研究逻辑的学科。早在古希腊时期，人们就开始探索思维的奥秘。逻辑是整理思想和知识的框架，没有它，理论和科学都无从产生。当时的先哲、世界古代史上伟大的科学家和教育家亚里士多德创建了逻辑这个探索、阐述和确立有效推理原则的学科。

亚里士多德

公元前384年，亚里士多德出生于色雷斯的斯塔基拉。这座城市是希腊的一个殖民地，与正在兴起的马其顿相邻。他的父亲是马其顿国王腓力二世的宫廷御医。17岁时，他赴雅典，在柏拉图学园就读，时间长达20年，直到柏拉图去世后方才离开。也许是受父亲的影响，亚里士多德对生物学和实证科学饶有兴趣；而在柏拉图的影响下，他又对哲学推理产生了兴趣。他在雅典跟柏拉图学习哲学的 20 年，对他的一生产生了决定性的影响。苏格拉底是柏拉图的老师，亚里士多德又受教于柏拉图。在雅典的柏拉图学园中，亚里士多德的表现很出色，柏拉图称他是“学园之灵”。但亚里士多德可不是个只崇拜权威、在学术上唯唯诺诺而没有自己想法的人。同大谈玄理的老师不同，他努力收集各种图书资料，勤奋钻研，甚至为自己建立了一个图书室。

公元前 335 年，亚里士多德在雅典创办了自己的学校。亚里士多德边讲课边撰写了多部哲学著作。当时的教学可不像今天这样在笼子一般的课堂里进行，而是在大厅里、回廊上和花园中进行。亚里士多德在讲课时有一个习惯，他喜欢一边讲课一边漫步于走廊和花园之间，所以人们给他的哲学起了个外号，叫“逍遥的哲学”或者“漫步的哲学”。亚里士多德在此期间撰写了很多著作，主要是自然科学和哲学，这里面就有他的逻辑学著作《工具论》。他的很多作品都以讲稿为基础，有些甚至是他学生的课堂笔记。因此，有人将亚里士多德看作西方第一位教科书作者。

《工具论》其实是他的 6 篇逻辑学著作的总称，这 6 篇逻辑学著作是《范畴篇》《解释篇》《前分析篇》《后分析篇》《论题篇》《辩谬篇》，主要论述了演绎法。该书提出了逻辑学中最核心的三段论，为形式逻辑奠定了基础。所谓三段论，简单地说就是由大前提和小前提得出结论的一种逻辑推理方法。它是对人类思维中演绎推理的一种形式化总结。比如，人都是要吃饭的，小明是人，所以小明也是要吃饭的。“小明也是要吃饭的”这个结论就是在

亚里士多德的书稿

“人都是要吃饭的”这个大前提和“小明是人”这个小前提的基础上得出的。三段论实际上是根据一个一般性的原则（大前提）以及一个附属于一般性原则的特殊化陈述（小前提），引申出另一个符合一般性原则的特殊化陈述（结论）的过程。

亚里士多德认为逻辑学是一切科学的工具。作为形式逻辑学的奠基人，他力图把思维形式和存在联系起来，并按照客观实际来阐明逻辑的范畴。他选择了数学学科特别是几何学来应用他的理论，当时几何学已经由对土地测量的经验规则给予合理说明的阶段向具有比较完备的演绎形式的阶段过渡。

数理逻辑包括哪些内容呢？从广义上说，数理逻辑包括集合论、模型论、证明论和递归论，这些都是听上去“高大上”的学问。不过，它的一个最基本也是最重要的组成部分是命题演算。

说命题演算可能太专业，不大好懂，但说逻辑代数也许就容易理解一些了。逻辑代数也叫作开关代数，它的基本运算是逻辑加、逻辑乘和逻辑非，也就是命题演算中的“或”“与”“非”；运算对象只有 0 和 1 两个数，相当于命题演算中的“真”和“假”。它是命题演算的一个具体模型。

逻辑代数的运算特点和电子电路中的开和关、高电位和低电位、导电和截止等现象完全一样，都只有两种不同的状态。因此，它在电子电路中得到了广泛的应用。利用电子元件可以组成相当于逻辑加、逻辑乘和逻辑非的门电路，即逻辑元件。我们还能用简单的逻辑元件组成各种逻辑网络。这样，任何复杂的逻辑关系都可以由逻辑元件经过适当的组合来实现，从而使电子元件具有逻辑判断的功能。这自然成为了电子计算机的硬件基础。

发明逻辑代数的人叫乔治·布尔。1847 年，布尔出版了《逻辑的数学分析》。这本小册子首次提出了布尔代数，把逻辑学带入了数理逻辑的时代。

1815 年，乔治·布尔出生于英国东部的林肯郡，他的父亲是个补鞋匠。因家庭条件困难，布尔没有机会接受正规的教育，但聪明勤奋的小布尔自学成才，16 岁就开始当教师补贴家用，19 岁时创办了自己的学校，从此挑起了整个家庭的重担。

布尔在教书的过程中不断探索和总结前辈的知识和理论，发明了逻辑代数，把逻辑简化成极其容易和简单的一种代数。在这种代数中，逻辑推理成了数学公式的初等运算，这些公式比过去在中学代数中所运用的大多数公式还要简单得多。布尔的发明让逻辑本身受到了数学的支配。为了使自己的研究工作趋于完善，布尔在此后 6 年的漫长时间里又付出了不同寻常的努力。

布　尔

1854 年，布尔出版了他的经典著作《思维规律的研究》，更加系统地阐述了布尔代数。布尔代数问世了，数学史上树起了又一座新的丰碑。但布尔作为一个师出无名的小学老师，他的发明没有受到人们的重视。欧洲大陆著名的数学家蔑视地称它为没有数学意义的、哲学上稀奇古怪的东西，他们怀疑英伦岛国的自学成才的数学家能在数学上做出什么独特贡献。

《思维规律的研究》

布尔在他的杰作出版后不久就去世了。直到 20 世纪初，英国的另外一名哲学家、逻辑学家罗素在《数学原理》中认为："纯数学是由布尔在一部他称为《思维规律的研究》的著作中发现的。"此说一出，立刻引起世人对布尔代数的极大关注，布尔才得以重新进入人们的视野，名垂千古。

罗素出生于 1872 年，逝于 1970 年。他不仅经历过两次世界大战，目睹了

罗 素

大英帝国从巅峰向下的没落，还见证了计算机科学和人工智能的孕育和诞生。罗素出身于英国贵族家庭，他的祖父约翰·罗素勋爵在19世纪40年代曾两次出任英国首相。罗素幼年就相继失去了母亲和父亲，由祖父母抚养长大。

罗素和他的老师怀特海花了9年时间一起写成了一部三卷本的著作《数学原理》，试图表明所有的数学真理在一组数理逻辑内的公理和推理规则下，原则上都是可以证明的。这一雄心勃勃的宏伟设想后来被美国数学家哥德尔发表的“哥德尔不完全性定理”证明是不可能实现的。

但罗素和怀特海的《数学原理》启发了很多天才人物，与麦卡洛克一起发明了MP神经元模型的皮茨就曾经在12岁时苦读《数学原理》，还写信给罗素讨论他发现的问题，得到了罗素的极大赞赏并被邀请到剑桥大学读书，后来成为了神经网络的创始人之一。

罗素最受欢迎的著作是《西方哲学史》，这本哲学史著作写得幽默、清晰、简洁，同时还有作者本人作为大哲学家的真知灼见。1950年，罗素为此获得了诺贝尔文学奖。颁奖词对他的介绍是：“他一生著述甚丰，涵盖极广。他论及人类知识和数理逻辑的科学著作具有划时代意义，堪与牛顿的机械原理媲美……在诺贝尔基金会设立50周年之际，瑞典文学院相信自己正是按照诺贝尔设奖的精神把这份荣誉授予伯特兰·罗素这位当代的理性和人道主义的杰出代言人的。”

4.3 贝叶斯定理和统计学派

在人工智能领域应用最多的也许就是贝叶斯定理和基于贝叶斯定理的贝叶斯网络了，它们是机器学习的核心方法之一，从简单的拼写校正、垃圾邮件过滤到图像识别、机器翻译，几乎无所不在。贝叶斯定理的发明者是英国牧师托马斯·贝叶斯。

贝叶斯

说起贝叶斯，其实他并不是一名专业数学家。从英国爱丁堡大学毕业后，他就继承父业，做了英格兰长老会的一名牧师。作为一名新教的牧师，他一生都想证明上帝的存在。可在证明上帝的存在时，贝叶斯遇到了一个棘手的难题，就是无法获得完整的信息。如何处理部分未知的信息和条件让他大伤脑筋。

白天，他一边忠心耿耿地服务于他的上帝，兢兢业业地履行他的教职，一边冥思苦想；晚上，烛灯燃尽，伏案执笔，写写算算，推导论证。遗憾的是，他到死也没能够证明上帝的存在，但他的研究创造了概率统计学中的一个原理。他发明的贝叶斯公式更是成为处理这类不确定性问题的金钥匙，冥冥之中成为了后来人工智能的一大基石。

那么，贝叶斯公式是怎样的呢？它又是怎样解决不确定性问题的呢？贝叶斯公式写出来是这样的：

$$P(D_j|x)=\frac{P(x|D_j)P(D_j)}{\sum_{i=1}^{n}P(x|D_i)P(D_i)}$$

这里的 P 代表事件 D_j 发生的可能性有多大，我们称之为 D_j 发生的概率。事件 D_j 是总事件 x 中的一个随机抽取的样本。如何理解这个看似复杂的公式呢？我们通过一个例子来说明这个公式是怎样解决不确定性问题的。

假设你有一台无线电收音机，午夜以后一个电台会发出两个固定信号之中的一个，我们用信号 A 和信号 B 来区分它们。一天夜里，我们打算接收这个电台发出的信号，猜一猜今天这个电台会发出 A 和 B 之中的哪一个信号？简单，我们实际收听一下不就得了。可是假设电台离我们很远，收到的信号又含有很大的噪声。怎么办呢？我们知道过去信号发出的概率，能不能以此来推断出今夜电台发出的信号是 A 还是 B 呢？

让我们把今夜接收到的信号定义为 y，实际发出的信号定义为 x（x 只可能是 A 或者 B）。那么，接收到的信号是 A 的可能性可以写成 $P(x=A|y)$，接收到的信号是 B 的可能性就可以写成 $P(x=B|y)$。一个合乎逻辑的判断规则应该是，如果今夜发出 A 的概率大于发出 B 的概率，那么今夜发出的信号就可能是 A，反之亦然。可问题是我们并不能准确地知道今夜它们出现的概率。这时贝叶斯公式就可以帮我们解决这个问题，它允许我们通过猜测或获得其他概率来间接地计算出我们所要的概率。

假设我们知道它们以前每晚发出的概率 $P(x=A)$ 和 $P(x=B)$，就只需要计算出在 $x=A$ 和 $x=B$ 时的 $P(y|x)$，通过比较它们中的哪一个更大来决定今夜发出的信号是 A 还是 B。$P(y|x)$ 被称为在给定的 x 下 y 的可能性（说得专业一点叫似然率）。关于具体运用贝叶斯公式的计算过程，我们就不在这里介绍了，等有机会学习概率统计学时，老师一定会进行详细的讲授。

这有一点烧脑，不然贝叶斯也不会因此成为举世公认的数学家，大名鼎鼎的贝叶斯公式也不可能成为今天人工智能的一大基石。简单地说，贝叶斯公式就是在已知的先验概率的基础上，计算出可能发生的后验概率，根据后验概率的大小为决策提供依据。

经过百年的发展和完善，贝叶斯公式已经成为了一整套理论和方法，并在概率统计领域中自成一家。1742 年，贝叶斯因为他卓著的研究成果被接纳为英国皇家学会的会员，他的两部著作《机会问题的解法》和《机会的学说概论》在他死后也广受重视，影响至今。

人工智能技术历来有符号学派和统计学派两大阵营之分。符号学派以规则和逻辑推理为核心探索人工智能的方法，统计学派则用大数据和概率统计的方法探索人工智能的实现，其核心就是贝叶斯定理。让我们通过一个机器翻译的小例子看看贝叶斯是怎么帮到我们的。

假设我们要把这样一句英语“John loves Mary”（约翰爱玛丽）翻译成法语“Jean aime Marie”。我们用 e 代表“John loves Mary”，需要考察的首选 f 为“Jean aime Marie”（法语）。我们需要求出把 e 翻译成 f 的可能性有多大，即 $P(e|f)$ 是多大。为此，我们考虑 e 和 f 有多少种对齐的可能性。什么叫对齐呢？就是每一个英语单词可以有多少个法语单词与之相对。英语“John”对应于法语“Jean”，英语“loves”对应于法语“aime”，英语“Mary”对应于法语“Marie”，以上就是其中的一种（最靠谱的）可能的对齐。为什么要对齐呢？因为一旦对齐了，就容易计算在这个对齐之下的 $P(e|f)$ 是多大，即计算 $P(\text{John}|\text{Jean})\times P(\text{loves}|\text{aime})\times P(\text{Mary}|\text{Marie})$。然后，我们遍历所有的对齐方式，并对每种对齐方式之下的翻译概率进行求和，便可以得知 $P(e|f)$ 是多大。

这就是统计机器翻译的方法，因为其简单，可以自动（无须手动添加规则）进行计算，所以这种方法迅速成为了机器翻译的事实标准。而统计机器翻译的核心就是贝叶斯方法。

朱迪・珀尔

1988 年，以色列裔美籍计算机科学家和哲学家朱迪・珀尔教授在贝叶斯定理的基础上发明了贝叶斯网络。它是一种基于概率的不确定性的推理网络，是用来表示变量集合连接概率的图形模型，提供了一种表示因果信息的方法。我们已经知道，贝叶斯公式为预测事件出现的概率提供了一种工具，但概率预测中并不包含因果关系，而分析因果关系是一件很困难的事。比如，路上的很多人都带着雨伞代表可能会下雨，但雨伞不是下雨的原因。当你想改变事件的结果时，了解因果关系就显得十分重要了，比如要阻止一场雨，不可能让所有人都不带雨伞。朱迪教授的贝叶斯网络提供了包含因果分析的概率方法，使基于概率的机器推理模型让计算机能在复杂的、模糊的和充满不确定性的环境下工作，是目前不确定性知识表达和推理领域中最有效的理论模型之一。

贝叶斯网络在自然语言处理、故障诊断、语音识别等许多领域得到了广泛的运用，珀尔教授也因此获得 2011 年度的图灵奖，成为又一位荣获图灵奖的人工智能学者。在今天这样一个物联网不断进入各行各业的新时代，智能家居、自动驾驶汽车、智能手机、智慧城市中无数的传感器每时每刻都在产生亿万字节级的数据，基于贝叶斯网络等统计数学模型的人工智能算法成为这些应用的基石。

4.4 哥德尔和他的不完全性定理

悖论就是逻辑上的自相矛盾。

最古老的悖论是 2000 多年前的“说谎者悖论”。它最简单的形式可以是这样的一句话：“我说的是假话。”如果你说这句话是假的，就可以推出它是真话；如果你认为这句话是真的，那么就可以推出它是假话。总之，这句话的真假是不能通过逻辑推理证明的。

20 世纪，一些善于思考的人隐约觉察到，在这样的悖论中隐藏着一些深刻的数学理论。事情要从崇尚理性的文艺复兴时期谈起。当时的学者笛卡儿、莱布尼茨等都想创造一种理论来解决一切问题。莱布尼茨甚至设想用数学符号表示逻辑学，以后每逢争论，拿支笔一算就见分晓了。事实证明，莱布尼茨对符号逻辑的建立起了很大的作用。

莱布尼茨太超前于时代了，没能完成他的夙愿。又过了 200 年，著名学者康托尔提出集合论，为统一数学提供了一线希望。集合论是研究由一堆抽象事物构成的整体的数学理论，包含了集合、元素和成员关系等最基本的数学概念。集合论的出现，为近代数学的发展提供了有力的工具。就在数学家踌躇满志的时候，集合论中出现了悖论。康托尔自己就发现了康托尔悖论：包含一切集合的集合是否存在。更严重的是罗素悖论。

罗素曾经认真地思考过这个悖论，并试图找到解决办法。他在《数学原理》里说道："自亚里士多德以来，无论哪一个学派的逻辑学家从他们所公认的前提中似乎都可以推出一些矛盾来。这表明有些东西是有毛病的，但是指不出纠正的方法是什么。1903 年春季，其中一种矛盾的发现把我正在享受的那种逻辑蜜月打断了。"

他承认"说谎者悖论"是一个例证，可以最简单地勾画出他发现的那个矛盾。那个说谎者说："不论我说什么都是假的。"事实上，这就是他所说的一句话，但是这句话是指他所说的话的总体。当把这句话包括在那个总体之中的时候，悖论就产生了。

罗素试图用命题分层的办法来解决这个问题。我们可以说第一级命题就是不涉及命题总体的那些命题，第二级命题就是涉及第一级命题的总体的那些命题，以此类推，以至无穷。但是这一方法并没有取得成效。从 1903 年到 1904 年，他差不多完全致力于解决这一悖论，但是毫无进展。罗素悖论涉及的是以自己为元素的集合，这被称为"第三次数学危机"。后来，这种定义被公理排斥掉了，危机才得以解决。

20 世纪 20 年代，在集合论不断发展的基础上，大数学家希尔伯特向全世界的数学家抛出了个宏伟计划，其大意是建立一组公理体系，使一切数学命题在原则上都可由此经有限步推定真伪，这叫作公理体系的"完备性"。希尔伯特还要求公理体系保持"独立性"（即所有公理都是互相独立的，使公理系统尽可能地简洁）和"无矛盾性"（即相容性，不能从公理系统中导出矛盾）。

当然，希尔伯特所说的公理不是我们通常认为的公理，而是经过了彻底的形式化，它们存在于一门叫作元数学的分支中。元数学与一般数学理论的关系有点像计算机中应用程序和普通文件的关系。

希尔伯特的计划也确实有一定的进展，几乎全世界的数学家都乐观地看着数学大厦即将竣工。正当一切都越来越明朗之际，突然一声晴天霹雳。1931 年，在希尔伯特提出计划不到 3 年，年轻的哥德尔就使希尔伯特的梦想变成了令人沮丧的噩梦。哥德尔证明：任何无矛盾的公理体系只要包含初等算术的陈述，则必定存在一个不可判定命题，用这组公理不能判定其真假。也就是说，“无矛盾性”和“完备性”是不能同时满足的！这便是闻名于世的哥德尔不完全性定理。

哥德尔

哥德尔，1906 年生于奥匈帝国的布尔诺，1924 年开始在维也纳大学攻读物理学，后来转到了数学系，1930 年获得博士学位。受他的老师、逻辑学家莫里茨·石里克的影响，他开始参加维也纳学派的活动，与石里克、卡尔纳普等哲学大师一起讨论科学理论、客观存在和真理之间的关系，这为他后来的研究与发现奠定了基础。

1931 年，年轻的哥德尔做了一件他人生中轰动的事情，发表了一篇石破天惊的论文《数学原理及有关系统中的形式不可判定命题》。在论文中，他证明了哥德尔不完全性定理，即数论的所有一致的公理化形式系统都包含不可判定的命题。这篇论文对当时的数学家、逻辑学家和哲学家产生了震撼性的影响，可以说是 20 世纪在逻辑学和数学基础方面最重要的一篇论文。当时，冯·诺依曼评价说：“哥德尔在现代逻辑中的成就是非凡的、不朽的，他的不朽甚至超过了纪念碑，他是一座里程碑，是永存的纪念碑。”

1938 年，哥德尔又做了一件他人生中轰动的事情，和比他大 6 岁的曾经结过婚的夜总会女郎结婚。他们的婚姻遭到了哥德尔全家人的反对，但有情人终成眷属。也就是在那一年，他离开了维也纳，到美国普林斯顿高等研究院任职，后来加入美国国籍，成为该研究院的教授。在那里，哥德尔和爱因斯坦成了好朋友。其实，他俩的性格大相径庭，爱因斯坦开朗外向，哥德尔深沉内敛，但他们都在自己的领域做出了极为重大的贡献。他们都很聪明，有好奇心，性情直率。爱因斯坦的死对哥德尔的心情有巨大的打击。

哥德尔不完全性定理一举粉碎了数学家 2000 年来的信念。他告诉我们，真与可证明是两个概念。可证明的一定是真的，但真的不一定可证明。在某种意义上，悖论的阴影将永远伴随着我们。无怪乎大数学家外尔发出这样的感叹：“上帝是存在的，因为数学无疑是相容的；魔鬼也是存在的，因为我们不能证明这种相容性。”

但是，哥德尔不完全性定理的影响远远超出了数学的范畴。它不仅使数学和逻辑学发生了革命性的变化，引发了许多富有挑战性的问题，而且涉及哲学、语言学、计算机科学甚至宇宙学。2002 年 8 月 17 日，著名的宇宙学家霍金在北京举行的国际弦理论会议上发表了题为《哥德尔与 M 理论》的报告，认为建立一个单一的描述宇宙的大统一理论是不太可能的，这一推测也正是基于哥德尔不完全性定理。

有意思的是，在现今十分热门的人工智能领域，哥德尔不完全性定理是否适用也成为了人们争论的焦点。1961 年，牛津大学的哲学家卢卡斯提出，根据哥德尔不完全性定理，机器不可能具有人的心智。他的观点激起了很多人的反对。他们认为，哥德尔不完全性定理与机器有无心智没有关系，但哥德尔不完全性定理对人的限制同样也适用于机器倒是事实。

哥德尔不完全性定理的影响如此之广泛，难怪哥德尔会被看作当代最有影响力的智慧巨人之一，受到人们的永恒怀念。美国《时代》杂志曾评选出 20

世纪 100 位最伟大的人物，在数学家中排在第一位的就是哥德尔。

在人工智能即将进入突破阶段的今天，相信从牛顿到哥德尔这些数学大师的思想以及他们发明的各种精妙绝伦的数学理论和工具将启发和引领更多的天才去破解人类思维和机器学习最终的奥秘。

4.5 一代宗师杰弗里·辛顿

在人工智能研究中，模拟人类大脑的神经网络技术自发明以后，其实一直不受待见，因为 20 世纪计算机的计算能力和存储空间都无法支持大数据的处理。一个人类大脑的神经网络有数以亿计的连接。如果一个人工神经网络要想接近人脑，每个人工神经元就必须达到 1 万个大脑神经元的功能，这谈何容易呀！因此，美国在里根政府时期大幅削减了对人工智能特别是神经网络技术的支持，这让很多人工智能研究人员纷纷改行，更让一些研究神经网络技术的专家离开美国前往加拿大，后来成为神经网络技术一代宗师的杰弗里·辛顿就是其中之一。

曾经任美国卡内基·梅隆大学教授的辛顿于 1947 年出生在英国。他出身于一个非常传奇的家族。他爷爷的外祖父就是伟大的数学家乔治·布尔，乔治·布尔的妻子名叫玛丽·埃沃莱斯特，是一位作家。玛丽·埃沃莱斯特的叔叔是乔治·埃沃莱斯特，他是英国著名的测绘学家和探险家，曾经担任过英国殖民地印度的测量局局长，领导了喜马拉雅山脉测量工作。辛顿的全名就是杰弗里·埃沃莱斯特·辛顿。当年他的家人给他命名埃沃莱斯特时，也许已经预言了他未来勇攀科学高峰的命运。

辛 顿

辛顿从小就对人类的大脑是如何工

作的十分着迷。他后来回忆说，上中学的时候，班里的一个同学忽悠他说，大脑的工作就像一张全息图。他当时信以为真，十分兴奋。辛顿进入剑桥大学学习心理学后意识到，科学家并没有真正理解大脑，他们并没有完全了解大脑是如何学习以及如何提升智力的。在辛顿看来，这些都是关乎人工智能研究梦想的大问题，他开始在剑桥大学和爱丁堡大学探索神经网络。1978 年，辛顿从爱丁堡大学获得人工智能博士学位。毕业后，辛顿开始了他雄心勃勃的计划，利用计算机硬件和软件来模拟人类大脑，研究如何大幅度缩短训练人工神经网络所需要的时间，创建一种神经网络的机器学习方法。这是后来人们高度关注的深度学习。

人工神经网络的一大难题，就是如何驾驭百万级乃至亿级神经元之间那庞大得如天文数字一般的组合关系。这一过程的关键是要将人工神经网络组织成为堆叠层。拿人脸识别来说，当一个人工神经网络中的一组特征被发现能够形成某种图案（比如说一只眼睛）时，这一结果就会被向上转移到该人工神经网络的另一层做进一步的分析。接下来的这一层可能会将两只眼睛拼在一起，将这一有意义的数据再传递到层级结构的第三层，该层可以将眼睛和鼻子的图像结合到一起进行分析。就这样一层一层地叠加，识别一张人脸可能需要数百万个这种节点，堆叠层可高达 15 个层级。

1986 年，深度学习开始崭露头角。这一年，辛顿和另外两位教授在《自然》杂志上发表了重要论文《通过反向传播算法实现表征学习》，文中提出的反向传播算法大幅缩短了训练人工神经网络所需要的时间。辛顿发明的训练方法对 20 世纪 50 年代的人工神经网络进行了极大的改进，它从数学层面上优化每一层的结果，从而使人工神经网络在形成堆叠层时加快学习速度。直到 30 多年后的今天，反向传播算法仍然是训练人工神经网络的基本方法。

然而，基于深层神经网络的深度学习并没有在学术界受到重视，研究人员发表文章和获取科研经费都比较困难。生不逢时的辛顿却默默坚守着自己的研究工作，还为此毅然移居加拿大，去多伦多大学任教。在那里，他培养了一大批优秀的学生，这里面就有后来在深度学习领域大名鼎鼎的延恩·乐存和约书亚·本吉奥。

2004 年，依靠来自加拿大高级研究所的资金支持，辛顿创立了“神经计算和自适应感知”项目。该项目的目的是创建一支世界一流的团队，致力于生物智能的模拟，也就是模拟大脑利用视觉、听觉和书面语言进行理解并对它的环境做出反应这一过程。辛顿精心挑选了研究人员，邀请了来自计算机科学、生物学、电子工程、神经科学、物理学和心理学等领域的专家参与该项目。他建立这样的跨学科合作项目对人工智能的研究是一个伟大的创举，定期参加项目研讨会的许多研究人员［比如杨立昆（Yann LeCun）、约书亚·本吉奥和吴恩达］后来都取得了非常突出的成就。最核心的是，这一团队系统地打造了一批更高效的深度学习算法。最终，他们的杰出成就推动了深度学习成为人工智能领域的主流方向。

进入 20 世纪以后，计算机硬件突飞猛进的发展和互联网产生的海量数据让人工神经网络起死回生。2012 年，在图形识别国际大赛上，辛顿率领加拿大多伦多大学的超视团队，在 150 万张图像识别竞赛中，以低于 10% 的错误率精准地识别出图像中的内容是动物、花、船还是人等，拔得头筹。同年，辛顿教授获得有“加拿大诺贝尔奖”之称的基廉奖，这是加拿大的国家最高科学奖。

虽然时光晚至，但年过六十的辛顿老骥伏枥，不甘寂寞，和他的两个学生创办了一家专注于深度学习的公司。说是一家公司，实际上既无产品又无客户，只有 3 个深度学习领域的“牛人”和几篇论文。公司创立后不久，谷歌、微软和百度就争相前来收购，并“大打出手”，最后谷歌出价最高，打败竞争对手，把辛顿和他的两个学生收编到了自己的旗下。投入数千万美元就为“买下”3 个人，业界为之惊叹。当年出走加拿大的辛顿也因此再度回到美国，他常常因为工作往返于加拿大和美国之间，成了当今最贵的科技“空中飞人”。

第 5 章　人和机器的世纪大战

5.1　让机器与人下棋的魔术骗局

下棋一直就是对人类智能的挑战，自然也成为了人工智能的标志。最早出现的下棋机器人叫“土耳其人”，1769 年由德国发明家肯佩伦发明。因为当时土耳其那具有东方风情的服饰十分时髦，肯佩伦就把他发明的下棋机器人做成土耳其人的样子，以此夺人眼球。

这个可以和人下棋的机器人不但轰动一时，成为当时整个欧洲的奇葩，而且引发了半个多世纪跨越欧美大陆的关注和讨论，成为一个嘲讽了许多名人大咖的世纪骗局。故事还要从它的发明人肯佩伦说起。

肯佩伦生于 1734 年，他的父亲是德国皇室的一名海关官员。年轻时，他在维也纳学习哲学和法律，还作为一个艺术朝圣者去过意大利。在父亲的引荐下，他以自己英俊的相貌和才华获得

肯佩伦画像

了德国女皇玛丽娅的赏识，进入皇室效力。丰厚的收入和充裕的闲暇时间，让他在科学和机械方面的业余爱好得到了充分的发展。当时的欧洲正处于工业革命的背景下，人们对科学和机械充满了好奇和兴趣，就像我们今天对人工智能的好奇和兴趣一样。在以皇室为核心的上流社会中，各种新奇的发明和装置成为了人们茶余饭后的一大娱乐内容和科学活动的一个重要部分。可以自行游水、进食和扇动翅膀的机械鸭子，可以自动弹奏钢琴和吹奏长笛的机器人，这样的发明层出不穷，不仅给当时的人们带来了不断的惊奇，而且给他们带来了无穷的乐趣和想象。

一次，在皇室成员观看新奇发明的表演中，女皇玛丽娅问坐在身边的肯佩伦，他觉得这些发明怎么样，肯佩伦不屑一顾地说，这些都是小招数，他可以做得更好更新奇。玛丽娅在惊讶之余竟然认真起来，因为她认为肯佩伦是一个说到做到、才华横溢的年轻人。她居然特准肯佩伦休 6 个月长假，回家专心发明一个与众不同的玩意儿来向整个欧洲炫耀德国的伟大。

1770 年春天，经过 6 个月鲜为人知的准备，肯佩伦终于公布了他发明的一个下棋机器人。首次表演当然是在以女皇玛丽娅为首的皇室成员面前。在灯光通明的表演大厅里，下棋机器人被推出了幕帘。这是一个由下面带有抽屉的长方形半高矮柜和坐在矮柜后面的一个土耳其人模样的木制机器人组成的复杂装置。当肯佩伦分别打开左右两侧的柜门时，可以看到里面的齿轮、杠杆等各种机械装置。柜面上是一个国际象棋的棋盘，机器人坐在棋盘的后面，一手撑在棋盘的一边，一手端着一根长长的烟斗。

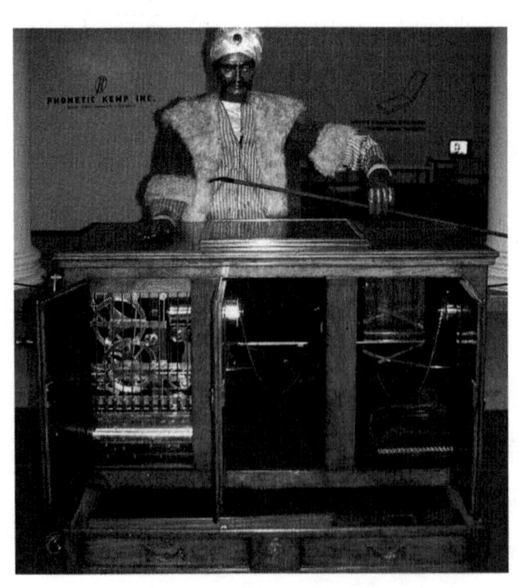

下棋机器人“土耳其人”

十分善于表演的肯佩伦像节目主持人一样，他站在柜子的一边，大声宣布这个机器人可以和任何前来挑战它的棋手对弈。于是，有皇室成员自告奋勇上前一较高下。当机器人真的自动和上来对弈的人下起棋来时，大厅里的人无不惊讶万分，赞叹不绝。

不久，消息就通过报纸和私人书信传遍整个欧洲。前来一探真假和比试高下的王公贵族和国际象棋大师们络绎不绝。肯佩伦名震欧洲，身价百倍。但这个神奇的下棋机器人也引来了当时无数的科学家、国际象棋大师和媒体人的疑惑和猜测，肯佩伦是如何让一个机械装置和真人实战对弈的呢？

各种推论和假说层出不穷，但它们时而自相矛盾，经不起推敲；时而破绽百出，难以自圆其说，没有一个可以真正得到证实。直到肯佩伦去世，也没人能真正破解下棋机器人的秘密。

肯佩伦在生前把这个下棋机器人卖给了德国发明家兼娱乐人马泽尔。1809 年，马泽尔把它展示给拿破仑，并和这个不可一世的征服者对弈一局。机器人大胜，这让拿破仑恼羞成怒，他把棋盘上的棋子一把全都撸到地上。此后，马泽尔带着这个象棋机器人在欧洲巡演几十年，和各国高手过招，虽然有输有赢，但总体上赢多输少，名噪天下。后来他还带着机器人漂洋过海，来到美国和富兰克林对弈。

在肯佩伦发明下棋机器人以后的 85 年间，这个机器人的足迹遍及欧美，和包括俄国沙皇在内的无数显赫人物、国际象棋大师对弈过。这一直是人们试图解开的一个世纪之谜。英国数学家、第一台机械式计算机的发明人巴贝奇就在小时候被这个机器人的神奇所吸引，他长大以后还有幸亲自和它对弈。虽然他也无法猜出其中的秘密，但他坚信机器下棋是完全可能的事情，还打算自己建造一台这样的机器。不过，当时他正忙于发明世界上第一台机械式计算机——分析机，没有多余的时间和精力做这件事。

下棋机器人的秘密最终在 1857 年被揭开，这时马泽尔早已过世了。揭开这个世纪之谜的人是下棋机器人的最后一个主人的女儿。她在纽约发行的一份杂志《象棋月刊》上发表了题为《象棋老兵的终结》的系列文章，详细讲述了下棋机器人是如何和真人对弈的。

其实秘密很简单，下棋机器人根本不能自动和任何人对弈。在半个多世纪的对弈表演中，和人下棋的是藏在柜子里的另一个真人棋手。如果说下棋机器人的发明有什么过人之处，那就是柜子的精巧设计和它的主人们的过人骗术。

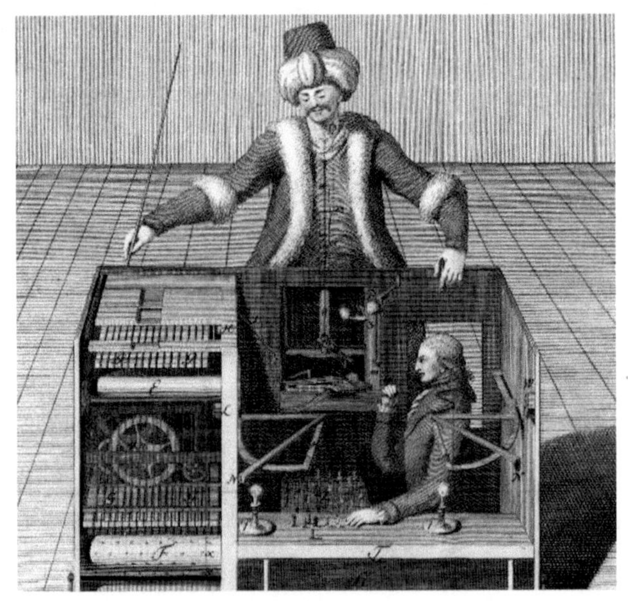

秘密所在

一场世纪大骗局最终还是被揭穿了。幸好那些和它对过弈的王公权贵都早已离世，不然他们一定会为自己的愚蠢而恼羞成怒、无地自容。然而，人类对人工智能的追求没有因此而终止。人机对弈的梦想继续激励着无数科学家和发明家勇往直前，让机器战胜人类棋手的愿望最终得以实现。

5.2 跳棋中的机器学习

为什么人们那么早就迷恋让机器下棋呢？人工智能大师明斯基曾经给出过简单而明确的答复。他说："选择下棋和数学问题作为人工智能的研究对象不是因为它们简单明确，而是因为它们在一个很小的初始结构中蕴含了极其复杂的问题，从而能够在程序设计中以相对较小的转换来获得真正形式化的表达。”在一篇关于计算机下棋的早期论文中，另外两名人工智能大师西蒙和约翰·肖也提出：“如果一个人能够设计出一台成功的弈棋机，他似乎就渗入了人类智力活动的核心。”受这些大师的激励，无数计算机专业人士、国际棋手和业余爱好者开始研究和开发一代又一代的下棋系统，有些人追求胜负和奖金，更多的人则把下棋系统作为实验工具，研究人类智能的工作机制。

20 世纪 40 年代末，美国伊利诺伊大学的塞缪尔教授开始研究用计算机下跳棋。后来他加入了 IBM 公司的实验室，在 IBM 701 计算机上完成了他的第一个跳棋程序，并把它带到了达特茅斯学院的那场聚会上。从达特茅斯学院回来后，他不断改进他的程序，在 1962 年夏天打败了美国跳棋大师罗伯特·尼雷（一个盲人天才棋手）。轰动一时的消息让 IBM 公司的股票大涨十几个百分点，乐坏了 IBM 公司的老板托马斯·沃森。IBM 公司后来一直是棋类程序开发的支持者和参与者。

人类思考棋类问题的核心智慧就是找到妙招，而找到妙招的关键就是推算出若干步之内无论对方如何应对，自己都处于局面变好的态势。塞缪尔教授热衷于研究计算机下跳棋的目的是探索如何让计算机能够学习。他开发的跳棋程序的最大特点就是自学习功能，也就是今天机器学习的雏形。

塞缪尔

塞缪尔教授是如何让机器决定每一步中棋子的移动呢？塞缪尔教授考虑到一个跳棋的棋盘只有 64（即 8×8）个两种颜色相间的方格（棋子位置），可以采用一个树形结构来列出每一步中棋子移动的所有可能的情况，然后列出每一种可能情况的下一步可能出现的情况，这样一步一步地列出从开始的第一步到结束的最

跳　棋

后一步的所有可能情况。这样，一个招法（下一步棋）向着后续招法分叉，形成了一个树形结构，称之为博弈树。这种方法全面生成所有可能的招法，并选择最优的一种走法，也就是尽可能对博弈树进行穷尽搜索，这样就可以做到胸有成竹。

不过他马上发现，虽然这种方法在理论上可行，但实际上几乎是不可能实现的。因为这将涉及 5×10^{20} 个位置，这简直就是一个天文数字，所以他只能走一步看几步。那么到底能够看几步呢？限于各种条件，一般来说只能看 3 ～ 10 步。可是在这 3 ～ 10 步中又该如何选择呢？塞缪尔教授采用了一种打分的办法。

1944 年，冯·诺依曼和经济学家摩根斯特恩合作出版过一本著名的书籍《博弈论》，书中提出了一种两人对弈的算法。塞缪尔教授参考这种算法，用一个评估函数给每一步打分，然后根据每一个可能的下一步得分的高低来决定怎么走。塞缪尔教授不是一步一步地计算，而是把 3 ～ 10 步内所有组合的计算分数累计起来，从中采用积分最高的路径走下一步。他还同时采用了另外一种方法，就是参照棋谱决定走棋步骤。学习下棋的人都知道，学习前人下过的经典棋谱是迅速提高棋艺、掌握成功妙招的最佳方法。熟记棋谱一百种，即使难赢也难输。

舍　佛

塞缪尔教授的努力虽然名噪一时，但他的程序在与人的对弈中还是有赢有输。直到20世纪80年代末，最强的跳棋程序才由加拿大阿尔伯塔大学开发出来，开发人员给这款程序起了一个名字叫钦诺克。这个名字来自加拿大的一个冬季暖风的

丁斯利

命名，大概寓意着他们的跳棋程序是当时人工智能研究低潮中的一股暖风。程序开发团队的带头人是该校计算机系教授谢弗。

自从 20 世纪 50 年代起，跳棋的人类冠军一直就是美国数学家丁斯利。丁斯利对跳棋理论深有研究，当他知道谢弗的钦诺克后，很想和它一较高下。美国、英国和加拿大的跳棋协会一直拒绝钦诺克参赛，也禁止作为协会冠军的丁斯利与之角逐。为了能和钦诺克下棋，丁斯利毅然放弃了他的冠军称号。1992 年，丁斯利大战钦诺克，以 4 胜 2 负 33 平的成绩赢了钦诺克。

谢弗团队不甘失败，两年以后在波士顿的计算机博物馆再次与丁斯利对战。经过两年改进的钦诺克大不一样，开局的 6 盘都把丁斯利逼和，第 7 局丁斯利以身体不适为由退出了比赛。不久，丁斯利就被诊断出患有胰腺癌。虽然后来他的病情有所好转，准备再次一战，但病情的突然恶化让他抱憾而去。从此，谢弗团队和他们的钦诺克只能“独孤求败”了。

谢弗团队并没有因为钦诺克打遍天下无敌手而终止研究跳棋理论和相关实践。2007 年，他们最终证明，在跳棋比赛中，只要双方不犯错误，最终都将是和棋。为了这个证明，他们付出了 18 年的努力，穷尽了跳棋全部的 500995484682338672639 种棋局位置，钦诺克也完善到了战无不胜的最高境地。在 2007 年 9 月的《科学》杂志上，他们自豪地宣布，跳棋的人机对弈历史结束了，人工智能大获全胜！

于是人类开始向棋类的又一高峰进军，那就是国际象棋。和跳棋相比，国际象棋至少有 10^{40} 种可能的位置，远远高于跳棋的复杂程度。不过，参加过达特茅斯学院聚会的人工智能大师西蒙在 1957 年宣称，10 年内计算机就可以打败任何人类棋手。1965 年，他再次宣称，20 年内这个目标一定会实现。结果怎样呢？他的再一次预言到底实现了没有？这是我们要讲的另外一个故事。

5.3 游戏中的人工智能方法

在人们研究人机博弈的过程中，美国的纽厄尔和西蒙提出了一种叫作“启发式搜索”的方法，该方法后来广泛用于解决计算机下棋问题。

让我们先做个游戏吧。下图中有 8 个数字和一个空格，请利用空格来移动这 8 个数字，使它们从左面这种无序状态排列成右面这种有序状态。记住，只能通过空格进行移动。

2	8	3
1	6	4
7		5

1	2	3
8		4
7	6	5

拼图游戏图示 1

也许大家认为这太简单了。那么让我们把这张图扩展成 15 个数字和一个空格，就像下图所示的那样，再试试看。如果我们继续把图扩展到 99 个数字和一个空格，这个游戏也许就没有那么简单了。大家有没有想过，如果让计算机来帮我们玩，计算机应该怎样做呢？

1	8	3	9
7	14	13	2
5	15	12	11
4	6	10	

1	2	3	4
5	6	7	8
9	10	11	12
13	14	15	

拼图游戏图示 2

其实，这个游戏是人工智能研究中的一个非常著名的问题，叫作“玩具问题”，也称为“15 格拼图游戏”。在早期研究这个问题的人之中，纽厄尔和西蒙针对这样一个看似简单的游戏，提出了他们解决这个问题的理论方法，并将其发展成解决这类问题的启发式搜索法。这种方法成为今天人工智能的一大技术。纽厄尔和西蒙的启发式搜索法是怎样的一种方法呢?

首先，让我们来看看如何让计算机理解这个游戏，换句话说，就是如何在计算机上表示这个游戏。这里我们要介绍一种称为符号结构的计算机数据结构。在计算机上，每一个字母和数字都可以看作一个符号，而多个符号可以组成一个列表，例如（A，7，Q）。这种符号和符号列表就是最简单的符号结构。复杂的符号结构可以是包括符号列表的列表，例如〈(B，3)，(A，7，Q)〉。这种符号结构可以复杂到多层嵌套，从而可以表达更复杂的问题。

用这样的符号结构来表达问题，解决问题就变成了寻找一种或多种方法来把一种符号结构（问题表达的初始结构）转换成另一种符号结构（问题解决的答案结构）。利用纽厄尔和西蒙提出的方法，我们先用符号结构把我们的游戏表示出来。开始时游戏的符号结构可以表示成〈(2，8，3)，(1，6，4)，(7，空，5)〉，游戏完成后的符号结构应该是〈(1，2，3)，(8，空，4)，(7，6，5)〉。现在就是要通过符号结构的变换，从初始结构达到最终结构。

从初始结构开始，我们有 3 种可能的变换：〈(2，8，3)，(1，6，4)，(空，7，5)〉，〈(2，8，3)，(1，6，4)，(7，5，空)〉和〈(2，8，3)，(1，空，4)，(7，6，5)〉。显而易见，它们都不是我们所要的最终结果，所以我们会继续在此基础上一直这样变换下去，直到出现我们所需要的结果为止。我们可以把这个变换过程用一幅像树一样的结构图表示出来，如下页中的图所示。我们把这种结构图称为搜索树。可以想象，当问题复杂的时候，这样的搜索会无限扩展下去，搜索树也会蔓延开来，成为一棵可能失控的“参天大树”。这时纽厄尔和西蒙就提出了启发式搜索法，简单地说，这种方法就是在转换中使用一些限制条件，只保留最接近结果的转换过程。

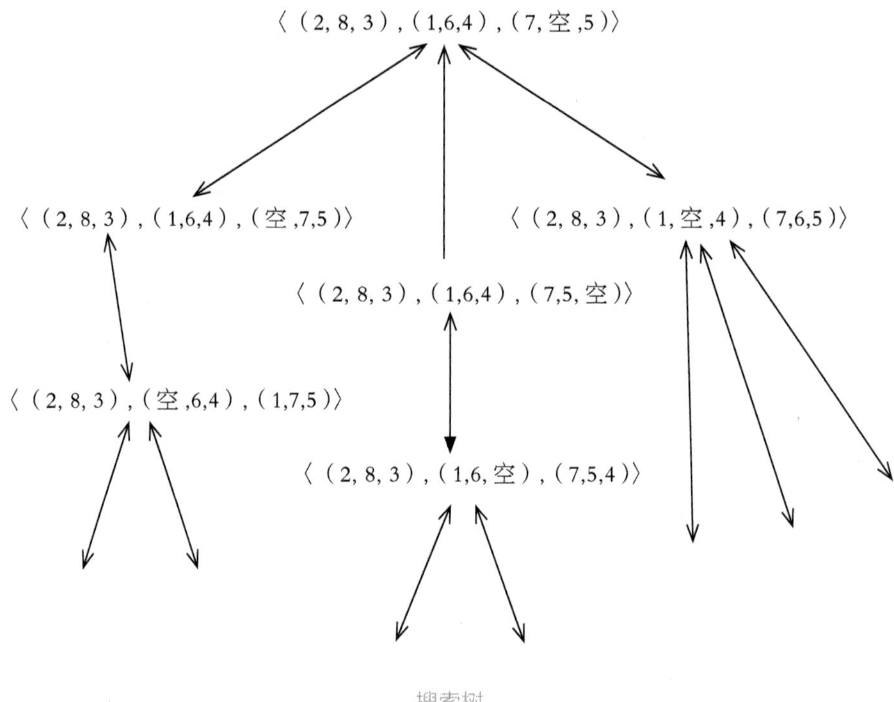

搜索树

在我们的游戏中，转换可以看成在生成的树杈下继续扩展。为了防止无限蔓延，按照纽厄尔和西蒙的启发式搜索法，我们应该把扩展限制在可能最接近结果的树杈上进行。一种这样的启发式搜索是我们只扩展那些和结果比有最少可能情况的树杈。当然这不是唯一的方法，也不能保证一定能够得到最终结果。但一旦成功，这就会是最佳方法。也许大家可以发现其他的启发式搜索法，有兴趣的话，可以动动脑筋，毕竟我们的游戏比较简单。

我们已经看到了，这样一个简单的游戏里竟然蕴藏着这么深刻的人工智能技术理论。其实，许多人工智能问题的初始既不神秘，也没有那么高深莫测，很多问题和方法都来自我们对生活和常识的深入思考和进一步的理论研究。今天，人工智能研究人员和科学家正在继续探索如何更好地在人工智能领域表达现实中的问题，特别是如何让人工智能系统自我产生出它自己对问题的表达，因为他们发现如何表达一个问题对解决这个问题来说至关重要。

另一位研究过人机博弈的人工智能大师香农把棋盘定义为二维数组，每个棋子都有一个对应的计算机子程序，计算棋子所有可能的走法，最后用一个评估函数对各种情况下的走法进行综合评估。

达特茅斯学院聚会的发起人麦卡锡也曾对如何控制一棵搜索树的无限增长提出过一种修枝剪权的方法，称之为 α-β 剪枝术。采用动态计算评估函数，一边生成博弈树一边计算评估函数。当评估函数的值超越给定的上界和下界时，搜索过程就停止，这样大大减小了搜索树的规模。

在探索人工智能的道路上，英雄辈出，永无止境。虽然西蒙对国际象棋的预言一再落空，但人类探索的脚步并没有因此而停止。1997 年，IBM 公司的“深蓝”机器人两次大胜国际象棋世界冠军卡斯帕罗夫，宣布了机器最终在国际象棋上战胜了人类，让西蒙的预言在 40 年后得以实现。

5.4 “深蓝”大战国际象棋世界冠军卡斯帕罗夫

1997 年 5 月 11 日，是人机挑战赛历史上的又一个具有划时代意义的时刻。IBM 公司研制的超级计算机“深蓝”在正常时限的比赛中首次击败了等级分排名世界第一的棋手加里 · 卡斯帕罗夫。机器的胜利标志着国际象棋的历史进入新时代。

“深蓝”重达 1270 千克，有 32 个“大脑”（微处理器），每秒可以计算 2 亿步招数。“深蓝”还“背下”（存储）了 100 多年来优秀棋手对弈的 200 多万个棋局。

卡斯帕罗夫和“深蓝”的比赛在纽约公平中心举行。摄像头全程监控，媒体跟踪报道，全球数百万人观看了这场比赛。“深蓝”获胜的概率并不确定，因为在 1996 年的第一次对决中，“深蓝”以 2 ： 4 落败卡斯帕罗夫。比赛并不是在标准舞台上进行，而是在一个小型电视演播室内进行。观众在地下剧场内通过电视屏幕观看比赛，这里与举行比赛的场地相隔几层楼。剧场可容纳大约 500 人，在 6 场比赛中，每场都座无虚席。

卡斯帕罗夫和“深蓝”的比赛

卡斯帕罗夫赢了第一局，第二局则输给了“深蓝”，场内场外气氛格外紧张。在接下来的 3 局中，二者打成平局。6 局比赛结束后，“深蓝”最终获胜。比赛结果在瞬间成了全球媒体争相报道的头条新闻，让全球 30 多亿人惊叹于计算机的超人能力。

其实，国际象棋是人工智能研究中最早涉及的棋类。在第二次世界大战还在进行的时候，图灵就开发过一个国际象棋程序。不过，当时的计算机既无时间（因为忙于第二次世界大战情报破译）又无能力（因为当时的计算机还很简陋），图灵只好和同事在纸上模拟竞赛。他模拟程序的运行，计算一步要花上近 1 小时的时间。好在他的同事还算有耐心，也许是因为他的同事总是赢。

冯·诺依曼也研究过计算机下棋，还提出了博弈树搜索理论。不过，真正开启计算机下棋理论研究的是 1950 年香农在《哲学杂志》上发表的论文《计算机下棋程序》，其中的主要思路在后来的“深蓝”和谷歌的阿尔法狗系统中都有体现。下棋程序的一个核心技术就是博弈树搜索。

博弈树搜索是指一个招法向着后续招法分叉，形成一棵博弈树。最简单的搜索法称为暴力搜索法。这种方法全面生成所有可能的招法，并选择其中最优的一个，也就是尽可能对博弈树穷尽搜索。另一种策略称为 β 方法，基本思想是剔除某些分叉。

暴力搜索法遇到的主要难题是博弈树所包含的局面数量实在太多了。国际象棋每个局面平均有 40 步符合规则的招法，如果你对每步招法都考虑应招，就会遇到 1600（即 40×40）个局面，而 4 步之后是 256 万个，6 步之后是约 41 亿个。平均一局棋大约走 40 个回合 80 步，于是所有可能的局面就达 10^{128} 个。这个数字远远大于已知宇宙中原子的总数目（大约为 10^{80}）！

纽厄尔、西蒙和约翰·肖发展的 α-β 算法可以从搜索树中剔除相当大的部分而不影响最后的结果。它的基本思想是：如果有些招法将自己引入了很差的局面，这个招法的所有后续招法就都不用继续分析了。也就是说，如果有一个完美的局面评估方法，那么只要把最好的一个招法留下来就可以了。当然，这种完美的评估方法不存在，不过只要有一个足够好的评估方法，那么就可以在每一层分析时只保留几个比较好的招法，这就大大减轻了搜索法的负担。α-β 算法和优秀人类棋手下棋时的思考过程已经非常接近了。

20 世纪 70 年代，发明了 UNIX 系统和 C 语言的计算机科学家汤普森开始研究国际象棋。他和贝尔实验室的同事一起决定建造一台专门用于下国际象棋的机器，他们把这台机器叫作 Belle，使用了价值大约为 2 万美元的几百块芯片。Belle 每秒能够搜索大约 18 万个局面，而当时的百万美元级超级计算机只能搜索 5000 个。Belle 在比赛中可以搜索 8 ~ 9 层那么深，是第一台达到国际象棋大师级水平的计算机。

Belle 国际象棋机器

从 1980 年到 1983 年，它战胜了所有其他计算机棋手，赢得了世界计算机国际象棋竞赛冠军。Belle 的成功，开创了通过研发国际象棋专用芯片来提高搜索速度的道路。1982 年，汤普森准备带着 Belle 去苏联参加比赛。在肯尼迪机场过海关时，Belle 被海关没收了，理由是企图向苏联运送先进武器。原来 Belle 的终端里有当时对苏联禁运的超大规模集成电路，这还了得？调查前前后后竟然用了一年时间，汤普森被罚款 600 美元，才算把 Belle 最终赎了回来。

“深蓝”的开发团队

汤普森针对搜索深度和棋力提高之间的关系做了非常有意义的实验。他让 Belle 跟自己下棋，但只让一方的搜索深度不断增加。结果是根据胜负比率，平均每增加一个搜索深度，可大约换算成国际象棋等级分 200 分。由此推论，可以计算出搜索深度达到 14 层时，就达到了当时世界冠军卡斯帕罗夫的水平，即 2800 分。当时计算机行业专家的推测是：要与人类世界冠军争夺输赢，必须研制一台每秒运算 10 亿次的计算机（对应于搜索到 14 层的深度）。

光阴似箭，一晃就到了 20 世纪 90 年代。IBM 公司自从在人机跳棋比赛中大获全胜以来，一直想在国际象棋对决上也能拔得头筹，特别是他们在看到相关技术的巨大商业价值后，游说了当时最强的两个机器象棋系统开发团队，其中一个是卡内基·梅隆大学的柏林纳团队，另一个是来自中国台湾的许峰雄团队。当时许峰雄团队开发的象棋系统已经达到了 2400 分的等级水平。“深蓝”正式在 IBM 公司立项，名字来自 IBM 公司的昵称。因为 IBM 公司生产的大型计算机都是深蓝色的，所以“深蓝”一直是计算机界对 IBM 公司的别称。“深蓝”项目的目标就是打败国际象棋世界冠军卡斯帕罗夫。这就有了前面讲的故事。

然而，人机对决的历史还没有最终结束，围棋这一棋类的珠穆朗玛峰还没有人攀登。鹿死谁手，还需拭目以待。

5.5　阿尔法狗打败世界围棋大师

在人工智能研究突破跳棋、国际象棋之后，人类又开始向棋弈的最高峰——围棋发起最后的冲锋。关于计算机下围棋，“深蓝”的主开发师许峰雄都说：“这实在太难了，以至于在未来 20 年中可能都得不到解决。”这句话里“解决”的含义应该就是战胜围棋世界冠军，然而这个预言在 2016 年提前 6 年被强大的阿尔法狗团队打破。

阿尔法狗是由谷歌旗下的 DeepMind 公司开发的人工智能围棋程序。深心公司的创始人戴密斯・哈萨比斯是个混血儿，他的父亲是希腊的塞浦路斯人，母亲是新加坡华人。他生于 1976 年，在英国伦敦长大。小时候，他就是国际象棋和计算机双料神童，4 岁开始下国际象棋，8 岁自学编程，13 岁获得国际象棋大师称号。2010 年，哈萨比斯创立了专注于人工智能研发的深心公司，目标是建立强大的通用学习算法，将技术应用于解决现实世界的难题。

阿尔法狗与李世石对决

2016 年 3 月 9 日，一场划时代的围棋人机大战在韩国举行，出来挑战人类的是谷歌从 2014 年开始研发的人工智能围棋程序阿尔法狗，和机器对弈的是来自韩国的围棋世界冠军李世石。七天鏖战，五大回合，风云滚滚，举世瞩目。最终，阿尔法狗以 4 ∶ 1 大胜李世石，宣告了在人机大战中人类的彻底失败，成为了人工智能超越人类智能的一大例证。

美国政治家乔治・多尔西曾经说过：“游戏是知识之源。”下棋是人类游戏中的一大古老项目，从跳棋、国际象棋到围棋，人们痴迷于其中，乐此不疲。计算机科学之父图灵说过：“下棋需要智能。”下棋一直被视为对人类智能的挑战，自然也成了人工智能水平的一种标志。

阿尔法狗是一个相当复杂的程序系统，用到了人工智能技术的很多方面，但最为核心的就是被称为强化学习的技术。它的发明者是美国计算机科学博士巴托和他在麻省理工学院培养出来的第一个博士生萨顿。然而造化弄人，强化学习自发明以来一直不被重视，也没有得到什么有价值的应用，直到谷歌的阿尔法狗采用这一技术大胜人类之后，它才受到追捧。

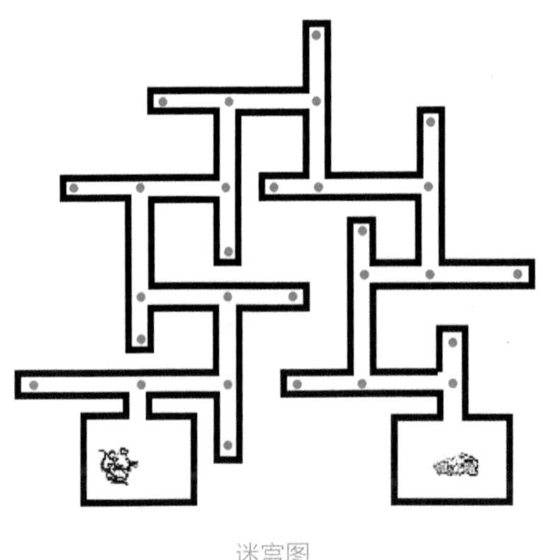

迷宫图

强化学习是一种什么样的方法呢？我们都玩过迷宫游戏，下面就用这个游戏来说明一下。假设在一个迷宫里，一只老鼠想要找到藏匿在其中的一块奶酪，我们用左边的图来表示。图中的灰点表示老鼠可能前往的地方，用强化学习的术语讲，这些点被称为状态。在每一个状态下，老鼠有 4 种可能的选择，即向左、向右、向前（前进）和向后（后退）。当然，在不同的状态下，不一定所有的选择都是可行的。比如说到了死角，就只能有一种选择——后退。每一种选择都会让老鼠进入下一个状态，面临下一种选择。这种状态和选择的集合可以构成一幅行进的路线图。老鼠怎样在这些可能的状态中进行选择呢？

老鼠面临的问题是它事先并不知道这个迷宫是什么样子，也不知道它有多少可能的选择。它只能通过不断地探索，在失败中标记路线，调整自己的行进路线，我们把这种方法叫作试错法。强化学习就是通过探索每一个状态下的所有可能性并将其标记下来，绘制出一幅包含所有可能性的路线图。每一种可能的行进路线称为一种策略，而最佳的策略就是路径最短的那种走法。这幅图在强化学习里面叫博弈树。

问题又来了。随着可能性的增多，博弈树呈指数级增长，导致计算时间和数据存储量呈爆炸性增长。麦卡锡提出用 α-β 剪枝技术来控制博弈树的蔓延。这种剪枝技术的核心思想是边画树状图边计算评估路径的优劣，当评估值超出一定范围时，博弈树的蔓延就停止，这样就大大减小了博弈树的规模。

然而，在围棋程序上，这种方法又遇到了困难。围棋的棋子比跳棋和国际象棋多得多，组合的可能性也多，画出博弈树后采用 α-β 剪枝技术不太经济。于是，有人想到了蒙特卡罗法。它最早是由法国数学家布丰在 1777 年用投针实验的方法求圆周率时提出的。后来冯 · 诺依曼用世界闻名的赌城摩洛哥的蒙特卡罗进行命名。

蒙特卡罗法最常用的教学例子是计算圆的面积。在一个正方形里面画一个内切圆，然后随机往这个正方形里扔沙粒。扔到足够多时，开始数有多少沙粒落在圆的里面，用这个数字除以所投沙粒的总数后再乘以正方形的面积，就得到圆的面积了。这其实是一种概率统计的方法。

阿尔法狗团队首先利用几万局专业棋手对局的棋谱来训练系统，对棋盘上的每个可落子的位置都给出了一个估值，也就是围棋高手下到这个点的概率。得到初步的策略网络后，平衡目标和策略网络，在适当牺牲走棋质量的条件下，速度要比策略网络快，即“快速走子”。训练策略网络时，采用深度学习算法，以当前盘面状态作为输入，输出下一步棋在棋盘的其他空地上落子的概率。

阿尔法狗开发团队

“快速走子”是基于局部特征和线性模型进行训练的。完成这一步后，阿尔法狗已经初步模拟了人类专业棋手的棋感。接下来，阿尔法狗采用左右互搏的模式，不同版本的阿尔法狗之间下了 3000 万局。利用强化学习算法，通过每局的胜负来进行学习，不断优化和升级策略网络，同时建立了一个可以针对当前局面估计黑棋和白棋胜率的估值网络。根据阿尔法狗团队的数据，对比围棋专业棋手的下法，策略网络在 2 毫秒内能达到 57% 的走子准确率，“快速走子”在 2 微秒内能达到 24.2% 的走子准确率。

实际对弈时，阿尔法狗通过蒙特卡罗法来管理整个对弈的搜索过程。首先，通过策略网络，阿尔法狗可以优先搜索本方最有可能落子的点（通常少于 10 个）。对于每种可能，阿尔法狗可以通过估值网络评估胜算率。同时，可以利用“快速走子”走到结局，通过结局的胜负来判断局势的优劣。综合这两种判断的评分，再进一步优化策略网络的判断，分析需要更进一步展开搜索和演算的局面。综合这几种工具，辅以超级强大的并行运算能力，阿尔法狗在推演棋局变化和寻找妙招方面的能力已经远超人类棋手。阿尔法狗系统配置有 1920 个 CPU（中央处理器）和 280 个 GPU（图形处理器），可以同时运行 64 个搜索线程。这样的计算速度就好像有几十个九段高手在同时思考棋局，还有几十个三段棋手帮着他们把一些难以判断的局面直接预演下来，拿出结论。任何一位人类棋手要与这样强大的对手对抗，实在是难上加难。

2016 年 3 月的这场围棋人机大战标志着跨世纪的棋弈人机大战的最终结束。回首机器下棋的历史，从 20 世纪 80 年代末跳棋程序钦诺克的“独孤求败”，到 90 年代末 IBM 公司的国际象棋程序“深蓝”无人能敌，再到本世纪初中国象棋程序开始击败人类特级大师，直到今天谷歌的阿尔法狗完胜人类围棋大师，人工智能技术在不断的探索中前进，在棋弈对决中彻底战胜了人类智能！

第 6 章　给计算机一双眼睛

6.1　让计算机看得见需要什么

在人类对外部世界的了解和认知中，很大一部分来自视觉，那么能不能让机器也具有视觉呢？人工智能领域的一个十分重要的课题是让计算机能够看得见，我们称之为计算机视觉或机器视觉。

最早的机器视觉探索是从字符识别开始的。早在 20 世纪五六十年代，字符识别系统的研究就已经取得了很大的成果。这个领域被称为光学字符识别，它可以让打印在纸上的固定字体的字符被机器识别出来。

当时很成功的一个案例是斯坦福研究所开发出的一套系统，它用带有磁性的墨水打印字符，以此来自动识别银行的支票。通过专用的扫描设备，可以把打印的字符准确地采集下来并传送给计算机系统，再和一个模板字符库里的字符进行比对，从而识别出支票上的每一个字符。1959 年，美国银行开始正式采用这套系统处理银行的支票业务，不久各个银行也纷纷采用，并且一直沿用至今。

虽然这套系统十分成功并被应用于银行系统，但关于文字识别，它的局限

PAYABLE IN US$ THROUGH FIRST BANK OF WIKI, LOS ANGELES BRANCH, LOS ANGELES, CA, 90036 1-000-000

MR. JOHN JONES
1645 DUNDAS ST. W, APT. 27
TORONTO, ON M6K 1V2

243

DATE 20061201
Y Y Y Y M M D D

123-456-7

PAY TO THE ORDER OF Wikimedia Foundation $ 100.55

One Hundred Dollars and 55/100 U.S. DOLLARS

Security features included - Details on back

FIRST BANK OF WIKI 00005-123
Victoria Main Branch
1425 James St., P.O. Box 4001
Victoria (B.C.) V8X 3X4

MEMO Donation

John Jones MP

⑆0123456789⑆ 00123456789⑈ 243

支　票

1234567890

磁性字符

性是十分明显的。为了识别出一个字符，这个字符必须用磁性墨水打印出来，并且必须具有固定的字体、格式和大小。对于任何手写体以及任何不是用磁性墨水打印出来的字符，这套系统就无法识别了。1960年，美国的两名科学家奥利沃塞·福瑞德和沃瑞克·纳瑟发表了一篇论文，提出了通过图像处理、图像特征提取和概率方法来识别手写字符。

他们的方法可以简单地概括成这样几个步骤：首先对写有字符的纸进行扫描，形成一个由0和1组成的二进制码的像素位图；然后对这样的图像进行清理，把明显是“杂音”的数位去除，把字符的笔画加粗强化，让字符更清晰和突出；接下来对笔画特征进行分辨和提取，检查字符笔画中有没有横竖撇捺、交叉和闭环等特征，并且给字符中每一个识别出来的特征一个概率值。这个概率值称为权重值，用于反映这一特征相对于其他特征的重要程度，从而区分出不同字符间相似的笔画。整个过程分步骤一层一层地从初始处理分辨向抽象特征提取汇总，得出这个字符不同于其他字符的特征，从而确定这是一个什么字符。

特征权重值是通过使用大量供训练用的字符图像让系统进行学习而最终确定的。经过训练后，系统可以开始识别任何新的字符图像。根据奥利沃塞·福瑞德和沃瑞克·纳瑟的介绍，“用这种方法，系统经训练后识别字符的正确率和人工识别相比只有大约10%的差距”。在当时的技术条件下，这样的结果相当令人鼓舞。

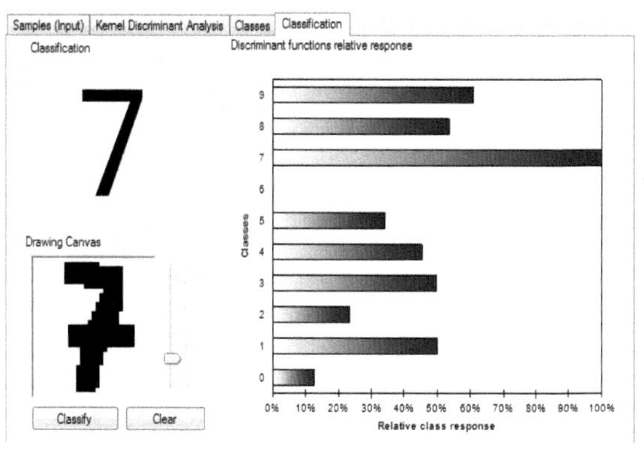

特征提取

但字符识别只是计算机视觉中最简单的一种，因为图像中的字符只是有限而简单的二维图形，而真正的计算机视觉应能处理来自三维世界的二维平面图像，就像我们用照相机拍下的照片那样。但通过二维图像展现三维世界时，我们会失去一些信息，比如景深。同样的物体从不同角度拍下来，看上去也会不一样。用一幅二维图像充分地还原真实的场景几乎是一件不太可能的事情。

人类和动物是怎样看世界的呢？他们都能很好地通过落在视网膜上的二维图像准确地认识周边的三维世界。我们不难发现，人和很多动物都有两只眼睛，具有立体视觉。也就是说，用两只眼睛看世界时，观察到的物体由于两只眼睛的观察角度不同而在位置和形状上有所不同，从而可以把握物体的立体空间。计算机也可以从两个不同的角度对同一环境的图像进行采集、分析和计算，从而获得环境的深度信息。那么，是不是只有这样，机器才能真正获得外部世界的准确信息呢？

其实，计算机视觉采用的大多数方法并不是立体视觉，而是利用光线、物体线条之间的角度关系和背景信息等从一幅二维图像上获得对三维世界的认识。有的科学家试图在对生物视觉原理的研究和发现中寻找计算机视觉问题的解决方法。

美国麻省理工学院的4个生物学家在研究青蛙如何观察世界时，发现青蛙其实并不是通过完整的视觉还原来感知其眼前的事物的。他们发现青蛙的眼睛由一些“探测器”构成。这些“探测器”都具有自己的功能，有的用来探视小的运动物体（如飞虫），有的对光线的突然变化十分敏感。通过对不同环境因素的汇总，青蛙可以准确地获得关于食物或危险的信息。他们把自己的研究发现写成了一篇论文《青蛙的眼睛告诉了青蛙大脑些什么？》，立刻引起了人工智能学者和专家们的注意。

美国神经生理学家戴维·休伯尔和托斯坦·维厄瑟尔从1958年开始研究大脑神经的视觉功能。他们发现哺乳动物的一些神经元会选择性地对图像和图像中的一些特定形状产生反应。1959年，他们在猫的大脑的视觉神经部分植入了微电极。他们发现，当猫看到不同角度的短线条时，不同的神经元会迅速放电。他们甚至可以绘出一幅猫脑中的不同神经元对不同角度的线条发生反应的图像。进一步的研究表明，另外一些神经元会对更复杂的形状产生反应。同样的现象在猴子的大脑里也被发现。这项研究不仅让他们获得了1981年的诺贝尔生理学或医学奖，而且也让研究计算机视觉的人工智能学者脑洞大开，让他们认识到在计算机视觉处理上从一幅图像中提取线条具有十分重要的意义。

一个魔方的线框图

第一个写出能从一幅图像里提取物体线条的程序的人是麻省理工学院的博士研究生劳伦斯·罗伯茨。在1963年读博士时，他发现可以根据一张照片上黑白颜色的层次分布情况来确定照片上物体的不同面之间的边界线条，从而得到一幅关于物体形状的线框图。虽然他的方法只能处理黑白照片，但在当时是一个创举。当时图像处理方面的研究大都是在处理像字符识别这样的二维对象，那些方法无法处理表现三维物体的图片。他的发明把图像处理推向了一个全新的方向，让后来的图形识别研究在其基础上阔步前进。他也成为了美国国防部高级研究计划局的首席科学家和信息技术部主任，在日后发明互联网时发挥了重要的作用。

6.2 特征与分类——图像识别的基本方法

早在 20 世纪 60 年代，位于硅谷的全景研究公司就已经开发出了人脸识别程序。他们通过对一个人脸部的 40 张不同照片上五官的特点（比如两眼瞳孔之间的距离、眼角的位置、嘴的大小等）进行提取，得到了一个有 20 个关于距离和大小等特征的数据列表。这些列表形成了一个人脸数据库，可以用这个数据库里的特征数据来识别人脸。如果一个人的脸部特征数据与数据库里存储的信息非常接近或相同，则认为他的脸被识别出来了。

这种早期的人脸识别技术还是比较简单和原始的，对照片上人脸不同部位的大小、位置、角度和光线等的要求比较苛刻，否则识别效果就会很差。但这些方法中已经包含了图像识别的基本技术，那就是特征提取和分类。

在生活中，我们是怎样识别物体的呢？我们通过观察，发现和总结一个物体的特点，并对其进行分类，从而识别一个物体。比如，我们通过观察认识到汽车是一种至少有 4 个轮子的可以自动行驶的物体，而有 3 个轮子的是三轮车，有两个轮子的是自行车或摩托车。车轮的多少就是不同车种的一个分类特征。再比如，大象有着长鼻子、硕大的身躯和粗壮的四肢。我们用这样的一些特征就可以把大象从一群动物中识别出来。计算机视觉也是这样，通过对照片上的内容进行特征提取，然后加

人脸特征识别

以分类总结，得出不同物体的不同特征，再用这些特征来识别它们分别可能是什么东西。

当然，计算机对照片特征的提取必须是数字化的，就是说物体的特征是用数据表达的，比如反映位置关系的距离等。利用这样的一些数据，我们就可以在计算机里把一个事物用一组数据描绘出来。

我们知道同一类事物不可能完全一样，即使人也有高矮胖瘦之分。那么，计算机怎样判断这个高高大大的是人，而那个矮矮胖胖的不是人呢？这就需要计算机通过“学习”来认识和归纳人的总体特征范围，这个范围称为特征空间。凡是这个特征空间里的事物，我们都可以认为它们是同一类物体。

当计算机对它“看”到的事物的特征有了认识并进行总结以后，把一个事物与其他事物区别开来就是一个分类过程。在计算机视觉系统中负责分类的部分叫分类器，它其实是一个函数，叫分类函数。一个分类函数是怎样得到的呢？

我们可以把人工智能系统和人类做类比。为了认识世界，我们需要在学校里进行长时间的学习；为了检验学习效果，我们还要参加考试；若考试不合格，还要重新学习，再次进行考试；考试通过后，才能走上社会参加工作。计算机视觉系统也是一样，它的学习称为训练，考试过程称为测试。若测试不理想，计算机就要继续反复进行训练和测试，然后才能投入应用。

所以，一个分类函数是通过不断用大量数据进行训练并加以改进后得到的。在训练过程中使用的特征数据叫作训练数据；相应地，在测试阶段使用的数据叫作测试数据。它们都是事先准备好的已经知道实际类型的数据。

1957 年，在康奈尔航空实验室工作的美国神经学家弗兰克·罗森布拉特提出了一种可以模拟人类感知能力的机器，称之为感知机。感知机是一个二分类的线性分类模型，输入为实例的特征数据，输出为实例的类别。1960 年，罗森布拉特用他的感知机成功地学习、识别了一些英文字母。除了能够识别出现次数较多的字母，感知机也能对不同书写方式的字母图像进行概括和归纳。

现在，感知机已经是一种常用的训练分类函数的方法。

在人脸识别中，这种像感知机一样的二分类技术广泛应用在相机对人脸的检测中。为了把相机取景框中的人脸识别出来，图像被分割成上万个相互重叠的、连续的小的图像块，然后每一个图像块都会通过人脸分类器，从而判断它是不是人脸的一部分。这个分类器就是事先训练好的感知机。由于分割的图像块具有不同的尺寸，它们密密麻麻地重叠在一起，覆盖了整个图像，所以图像中的人脸不管大小都能被识别出来。被识别出来的部分最后会合并起来，我们看到的就是图像中的每张脸被一个个线框标识出来。

在深度学习出现以前，图像特征设计一直是计算机视觉领域的一个重要研究课题。在这个领域里，初期人们都是通过手工设计各种图像特征。随着神经网络和深度学习的出现，计算机视觉进一步发展到从图像中提取特征的方法。卷积运算就是其中的一种技术。

图像识别

卷积运算是一种数学计算，就像加减乘除一样，它用一个称为卷积核的矩阵自上而下、自左向右地在图像上滑动，将卷积核矩阵的各个元素与它在图像上覆盖的对应位置的元素相乘，然后求和，得到输出像素值。它的特点是通过对图像数据进行这样的复合计算，把原始图像变换成一幅新的图像。新的图像不但比原始图像具有更少的数据量，而且让原始图像中的特点更加突出鲜明，从而得到原始图像的一个特征图。

为了让机器可以看得见且看得明白，需要采用图像采集（通过摄像头）、图像处理以及图像识别等一系列步骤。特征与分类是图像识别的基本方法，随着人工智能技术的发展，图像识别的特征与分类方法也越来越深入。建立在神经网络上的深度学习为机器视觉打开了一扇令人鼓舞的大门，一代宗师辛顿教授的学生亚历克斯·克里泽夫斯基和伊利亚·苏特斯科夫采用深度学习算法开发了一个叫 AlexNet 的图像识别系统，赢得了 2012 年 ImageNet 图像分类大赛的冠军，第一次在人脸识别的准确率上胜过人类。他们的故事我们在后面继续讲述。

6.3 如何识别运动中的物体

随着人工智能技术的飞速发展，计算机视觉已经由识别辨认静态图像发展到识别跟踪动态视频中的内容。如何让计算机识别运动中的物体呢?

首先，让我们看看人是怎样看到瞬息万变的外部世界的。人类生物学研究发现，人眼具有一种机制，就是光照射到视网膜上后，所形成的图像会保留一段时间，产生画面延续的感觉。这种机制叫作视觉暂留。由于这种机制，人就可以把看到的一个个独立的静态画面连接起来，形成动态的效果。我们可以看到画面中的运动物体，就是被人眼的视觉暂留机制所“欺骗”的结果。正是因为这样，我们看到的电视、电影和网上的视频都是以每秒 24 帧连续播放的静止画面形成的。

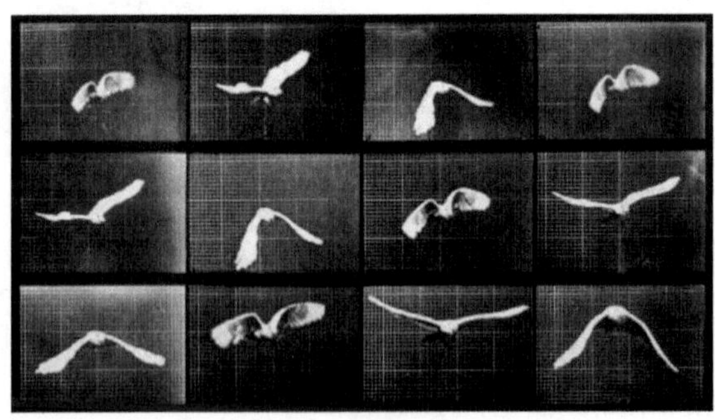

飞行中的海燕

那么，连续变化的视频和静态照片有什么本质上的不同呢？相对于静态图片，我们可以认为视频多了一个维度，即时间维度。对于静态图片，我们用一个二维函数就可以表达画面上的每个像素，而对于视频，我们需要用三维函数

$I(x, y, t)$ 来表示视频画面的信息。其中，t 是时间，(x, y) 是该画面中某个像素对应的位置坐标。这样，我们就把动态视频和静态图像密切地联系起来了，从而可以运用识别辨认静态图像的很多技术来进行视频方面的研究。

视频研究包括视频描述和理解、动作和行为识别、视频分类和时间动作检测等几个方面，其中动作和行为识别是核心。动作和行为识别就是给计算机一段视频，让计算机告诉我们里面发生了什么，里面的人在做什么。

人类的行为本身是一个十分复杂的过程，让计算机理解起来有很大的难度。拍摄视频时的距离、光线、角度以及遮挡等因素都会给动作和行为识别造成很大的影响。当前行为数据库中的样本十分有限。一个常用的行为数据库可能只包含从优酷视频这样的网站上收集的上千个行为视频，涵盖上百个类别；而相比之下，像 ImageNet 这样的图片数据库包含数千万张图片，涵盖几万个类别。

我们已经知道在图像识别中特征的选择对分类来说是至关重要的。那么，人类在生活中根据什么来判断一个人的行为呢？让我们考察一堂体育课上学生们都在干什么。在运动场上，我们发现体育老师把学生分成了两组，一组练习跳高，另一组进行长跑。我们一眼就可以判断出谁在跳高，谁在长跑，因为他们运动的行为不同。跳高者的运动轨迹是向上高高跃起，提膝抬腿，跨过横栏，双脚下垂落地；长跑者的运动轨迹是平行向前，虽然也提膝抬腿，但没有高高跃起，双脚也不是双双下垂落地，而是一前一后交替落地。可以看出，运动是我们判断行为类别的重要特征。

区别不同行为和动作的重要依据是运动，那么该如何提取视频中的运动信息呢？20 世纪末，人工智能科学家开始研究如何跟踪动态目标，各种各样的方法也随之而生。其中的一种方法是利

运动的光流

光流图

用视频中的特定光流来描述运动的情况，发现运动的特点。所谓光流简单地说就是同一个点（像素）在相邻两幅图像中的位移。另外一种方法是追踪特定目标的形状在不同画面上的连续变化，以得到它的运动特征。

视频识别还有一个问题，就是如何对一段较长的视频里的行为进行提取。因为在一段较长的视频中，如果对时间流进行连续密集的采样（选取画面），则会产生大量的计算，需要很大的存储空间，而且相邻画面可能极为相似，变化不大，对于突出特征来说意义不大。所以，一种在时间上稀疏的采样策略应运而生。这样不仅可以节省计算成本和存储空间，而且使运动轨迹更加容易突显出来。

进一步处理长视频的方法就是分段识别，然后汇总整合，得到视频行为的类别。具体的做法就是，在时间上将一段输入视频划分为几小段，分别针对每一小段视频随机选择光流图和图片帧，对每个片段进行行为识别，最后融合汇总不同段落的行为识别，得到整段视频的行为类别。

总之，视频识别远比静态图像识别复杂，相应的技术还在进一步的研究和发展中。同时，这些技术的应用也在不断增多，比如智能零售系统就是一个很好的例子。智能零售里需要解决的问题是通过摄像头动态监视商店里的情况，自动判断有多少人进入了商店，其中男女各有多少，他们都是谁，他们在某个商品前停留了多长时间。这些问题我们通过现在的技术都可以解决。

更进一步，我们已经可以让计算机通过观看体育竞赛视频自动产生专业化的解说，也可以通过图像自动产生一些背景音乐。这些都是非常有意思的应用。

基于这些内容产生的算法，会让未来出现一个新媒体时代。在新媒体里，所有的内容都是由计算机产生或者在计算机的辅助下产生的。

当今的电视节目广泛采用全息成像技术，在人工智能的帮助下合成虚拟人物。无论是体育明星还是当红主播人物，合成的虚拟人物与原型真人的相似度可高达 99%。无论是外形、声音、眼神还是脸部动作，虚拟人物都能展现得淋漓尽致、惟妙惟肖，令人惊叹。

当今的人工智能视频技术只需将特定人物的面部特征和动作特征提取出来，再截取半小时的语音数据，即可生成形象和声音模型。有了这些形象和声音模型以后，任何输入的文字都可以由特定人物形象用声音读或唱出来，甚至可以多种语言来读或唱。也就是说，在大数据的“喂养”下，人工智能中的识别技术已经让“克隆”成为可能。以后，我们每一个人都可以拥有一个自己专属的虚拟孪生机器人，它们将作为我们的化身在世界上行走。如果哪一天你在街上遇到一个长相和言谈举止与你一模一样的机器人，千万不要惊讶，因为这一幕的出现不会太远了。

6.4 慧眼识英雄

2013年，谷歌高价收购了辛顿教授创立的DNN研究公司。前面我们已经讲过，实际上这家公司一无产品二无客户，只有辛顿教授和他的两个学生。这两个学生就是亚历克斯·克里泽夫斯基和伊利亚·苏特斯科夫。别小看了这两个学生，他们深得辛顿教授的亲传，采用深度学习算法开发了 AlexNet 图像识别软件，在 2012 年的 ImageNet 国际大赛上拔得头筹。

辛顿教授与他的学生克里泽夫斯基和苏特斯科夫

亚历克斯·克里泽夫斯基

出生在乌克兰，后来移民到加拿大。大学毕业以后，他不想马上去做一个“码农”，于是申请在多伦多大学做辛顿教授的博士生。在读博士期间，他和学友伊利亚·苏特斯科夫决定参加 ImageNet 国际大赛，这成为了他的人生转折点。他们为什么想去参加这个国际大赛呢？事情还得从大赛本身说起。

ImageNet 国际大赛是一个向世界上所有人开放的竞赛，目的是在图像识别和分类技术领域里发现和鼓励更好的算法，从而证明人工智能在图像识别上的无限可能。ImageNet 国际大赛是基于一个叫 ImageNet 的图像数据库里的海量数据进行的。1976 年出生于北京的李飞飞在 16 岁时随父母移居美国，后来成为斯坦福大学终身教授以及人工智能实验室与视觉实验室主任。2007 年，李飞飞与普林斯顿大学的李凯教授合作，发起了 ImageNet 计划。利用互联网，ImageNet 项目组下载了近 10 亿张图片，并利用像亚马逊网站的土耳其机器人这样的众包平台来标记这些图片。来自 167 个国家的近 5 万名工作人员协同合作，帮助项目组对这近 10 亿张图片进行筛选、排序、标记。2009 年，ImageNet 项目诞生了，这是一个含有 1500 万张照片的数据库，涵盖了 22000 种物品。这些物品是根据日常英语单词进行分类组织的，对应于大型英语知识图库 WordNet 的 22000 个同义词集。无论是在质量上还是在数量上，ImageNet 都是一个规模空前的数据库。同时，它被公布为互联网上的免费资源，全世界的研究人员都可以免费使用。

克里泽夫斯基在跟随辛顿教授学习时，熟悉辛顿教授在深度学习方面的研究成果。不过，当时辛顿教授的算法都是在计算机的中央处理器上运行的。尽管随着计算机芯片技术的飞速发展，计算机的中央处理器的运算速度已经得到了大幅提升，但面对包含海量数据的图像信息，还是显得太慢。克里泽夫斯基想，能不能重新设计一种神经网络，让它在远比中央处理器快得多的图形处理器上运行，实现深度神经网络计算，从而提高图像识别能力？由于图形处理器强大的并行运算能力，12 个图形处理器的深度学习性能相当于 2000 个中央处理器。2006 年，有人在图形处理器上运行一个卷积神经网络，获得了比在中央处理器上运行时快 4 倍的效果。2011 年，有人实现了深度神经网络在图形处理器上的运行，取得了 60 倍的速度提升。

在自己想法的驱动下，克里泽夫斯基和他的学友苏特斯科夫开发出了以他的名字命名的一个新的深度学习神经网络图像识别系统 AlexNet。这是一个具有 8 个层深的神经网络，前 5 层是卷积层，最后 3 层是全连接层。经过测试，结果十分令人兴奋，超出了当时其他所有的算法。2011 年，他的学友苏特斯科夫听说了 ImageNet 数据库，他认为这是检验他们开发成果的最好平台。于是，他们共同优化和训练他们开发出来的 AlexNet 系统，让它处理上百万张图像的速度由原来的数周到数月缩短至五六天，并且识别的准确率大幅提升。他们决定参加 2016 年的 ImageNet 国际大赛。

他们的老师辛顿教授听说以后表示反对，当然反对的理由是技术性的。然而，克里泽夫斯基并不服输，他和他的团队花了一年的时间来研究和解决老师提出的问题。后来苏特斯科夫评价说："克里泽夫斯基对机器学习有着极其深刻的理解。和其他许多研究人员不同，他有着一颗工程师的心，并且具有不达目的誓不罢休的毅力。"

其实影响克里泽夫斯基的还有一个人，他就是曾经跟随辛顿教授做过博士后研究的杨立昆。他对人工智能领域最核心的贡献是发展和推广了卷积神经网络。1960 年，杨立昆出生在法国巴黎附近，他的父亲是一名航空工程师，这让他有了一个业余爱好——制造飞机。在一次与 IEEE 组织的深度对谈中，C++ 之父本贾尼 · 斯特劳斯特卢普开玩笑问他："你曾经做过一些非常酷的玩意儿，其中大多数能够飞起来。你现在还有没有时间摆弄它们，还是这些乐趣已经被你的工作压榨光了？"杨立昆认真地回答说："工作里也有非常多的乐趣，但有时我

杨立昆

需要亲手创造些东西。这种习惯遗传于我的父亲，他是一名航空工程师，我的父亲和哥哥也热衷于制造飞机。因此，当去法国度假的时候，我们就会在长达 3 周的时间里沉浸于制造飞机。”

卷积神经网络是深度学习中实现图像识别和语言识别的关键技术。和辛顿教授一样，杨立昆也是在人工智能和神经网络研究的低潮时期长期坚持科研并最终取得成功的典范。正如辛顿教授所说：“是杨立昆高举着火炬冲过了最黑暗的时代。”

卷积神经网络的出现受到了生物自然视觉认知机制的启发。20 世纪 60 年代初，美国神经生理学家戴维·休伯尔和托斯坦·维厄瑟尔通过对猫视觉神经细胞的研究，提出了感受域的概念。受此启发，1980 年日本计算机科学家福岛邦彦提出了卷积神经网络的前身 Neocognitron。80 年代，杨立昆发展并完善了卷积神经网络的理论。1989 年，杨立昆发表了一篇著名的论文《反向传播算法用于手写邮政编码的识别》。1998 年，他设计了一个被称为 LeNet-5 的系统（一个七层神经网络），这是第一个成功地应用于数字识别问题的卷积神经网络。在国际通用的手写体数字识别数据集 MNIST 中，LeNet-5 可以达到接近 99.2% 的正确率。这一系统后来被美国的银行广泛用于支票上数字的识别。

卷积神经网络通过局部感受域和权值共享的方式极大地减少了神经网络需要训练的参数的个数，因此非常适用于构建可扩展的深度网络，用于图像、语音、视频等复杂信号的模式识别。目前用于图像识别的比较典型的卷积神经网络的深度可达 30 层，有 2400 万个节点、1.4 亿个参数和 150 亿个连接。连接数量远远多于参数数量的原因就是权值共享，即很多连接使用相同的参数。

AlexNet 在 2012 年的 ImageNet 国际大赛上大获全胜，克里泽夫斯基名噪一时。性情温和的他此前从来没有面对过媒体和公众，但在 2012 年竞赛结果公布以后，电子邮件像潮水般飞来，媒体和大公司的老板也纷纷上门，各种采访和高薪聘请络绎不绝。用他自己的话说：“简直像梦幻一般。”最终，他和老师辛顿及学友苏特斯科夫一同去了谷歌。

不过 3 年以后，2015 年 AlexNet 的纪录就被微软开发的拥有 100 层深度的神经网络系统刷新了。人工智能技术正在以日新月异的速度飞速发展着，江山更有才人出，各领风骚永向前！

6.5 天网恢恢，疏而不漏

2018 年 10 月 22 日，《新民晚报》以《捕神张学友！最新演唱会又抓 9 名逃犯！》为题，报道了 2018 年张学友巡回演唱会的“赫赫战功”。4 月 7 日南昌演唱会上首名逃犯在现场落网，5 月 5 日赣州演唱会上再抓获一名逃犯。5 月 20 日嘉兴演唱会、6 月 9 日金华演唱会、7 月 6 日呼和浩特演唱会……前前后后竟然抓到 55 名在逃犯人。天网工程是这些抓捕行动的终极秘密武器。

看过热播电视剧《破冰行动》的观众都应该熟悉里面行动指挥中心的监控系统。在电视剧中，行动指挥中心在对塔寨村的围剿行动里采用了高科技监控手段，在毒枭的四周布下了天罗地网。毒犯们的一举一动都被各种监控摄像系统盯了个一清二楚。

经常坐高铁出行的朋友可能会注意到火车站里面有一种特别长的摄像头，其实那就是电视剧里所描写的专门设置的超清摄像头。这种摄像头可以清晰地捕捉到动态画面中人物的面部特征，并且迅速和公安系统信息库中储存的信息进行比对。最重要的是面对如此庞杂的信息，整个系统的处理过程不超过 10 秒。道路行车监控系统更是大家十分熟悉的，任何违章行为和车辆牌照信息在天眼之下一览无余。

天 眼

这里的核心技术就是人工智能中的计算机图像处理与识别技术。图像处理与识别系统主要包括图像采集系统、图像处理系统和图像识别系统三大部分。我们平常看到的各式各样的摄像头是图像采集系统最主要的组成部分，图像通过它被动态地采集下来，然后传给后台的计算机系统进行存储和处理。由于天气、时间和各种干扰等因素，被采集的图像质量可能会参差不齐，所以先要经过处理，让图像变得清晰干净并具有统一的质量和格式，才好用于识别处理。这就是图像处理系统的工作。处理好的图像会被送入图像识别系统进行各种有针对性的图像识别工作。假设需要寻找某个人，图形识别系统就会把从图像中识别出来的每一个人和数据库里的人像资料进行比对，这就是我们所说的人脸识别。目前，人脸识别的准确率已经超过了人类的平均水平。

图像识别技术的核心是模式识别。所谓模式识别，说得通俗一点，就是把一个事物的特点找出来。我们已经知道，无论是人和动植物还是汽车、房子和机器，任何事物在外观上都有与众不同之处，可以进行分类，一个类别就是一个模式。这样就可以做到“物以类聚，人以群分”。

概率统计的方法和神经网络在早期就已经是图像识别技术的基础，提供了图像中不同特征的统计分布和概率特征，并且以按层次分别提取的方法提高提取效率，强化特征本质，从而做出判断。对照片图像的识别开始于对军事侦察中拍摄下来的目标进行图像识别，从而指出目标图像是哪一种军事设施，例如坦克、飞机或大炮等。但限于当时光学摄像技术和计算机处理能力低下，图像识别技术只能对黑白照片上的二维图像进行比较粗糙的大概特征的识别，不能做到更精准的细部分析和三维图像的有效识别。

与此同时，图像识别的另一个研究方向是解决如何识别三维图像。这对于开发可以自由移动的机器人来说至关重要，因为机器人必须有能力观察四周环境的物理情况，以决定移动的目标和路径。其实，任何三维物体在二维照片上的立体感都来自不同阴影形成的界线，所以对三维图像的识别是从识别和分析图像中物体的线条关系和特征入手的，其学名叫目标的边线识别。

1968 年，斯坦福研究院在美国国防部的资助下开发出了第一个载入史册的智能移动机器人——沙克依。这个机器人通过一个电视摄像机来对四周的环境进行“观察”，把“看到”的情况“告诉”自己的“大脑”。它的车载小型计算机对“看到”的情形进行图像识别和分析，从而可以判断出是墙还是门以及是在房间内还是在走廊中，还可以“看出”物体的形状，进而根据它的目标要求确定移动的方向，驱车而行。它的诞生不仅标志着智能机器人技术的飞跃，而且标志着图形识别技术的重大突破，其中的很多技术一直沿用至今。

随着研究的不断深入和硬件技术的飞速发展，图像识别也从黑白到彩色，从静态图像到动态视频，从识别分析具体的特定目标到全面识别分析图像中的所有事物。2012 年，谷歌的科学家用 16000 台计算机搭建、模拟了一个人脑神经网络，并向这个网络展示了 1000 万段从 YouTube 上随机选取的视频。结果，这个系统在没有外界干涉的条件下，自己认识到猫是一种怎样的动物，并成功找到了几乎所有包含猫的照片，识别率为 81.7%。

人工智能技术已经给了机器一双慧眼，让机器比人更“心明眼亮”。今天，无人驾驶汽车、无人驾驶飞机、无人收费停车场、手机扫一扫等应用正逐步深入我们的生活，深刻地改变着我们的生活和工作方式，这背后的秘密就是计算机图像处理与识别技术。

第 7 章　让计算机能听会说

7.1　计算机听到的是什么

2018 年 5 月，谷歌的开发者大会在位于山景城的谷歌总部如期举行。谷歌首席执行官桑德健步走上讲台，幽默而风趣地说：“我先给大家做一段演示，相信你们一定会感到惊讶。”接着，他打开了谷歌的智能语音助手，请它帮助自己预约一个理发时间。

谷歌开发者大会

智能语音助手开始拨打一个理发店的电话号码，会场上鸦雀无声。不一会儿，电话拨通了。

智能语音助手开口问道：“嗨，我想为一位女性客户预约做一下发型。5 月 3 日方便吗？”

理发店接待员说：“应该没问题，请稍等。”

智能语音助手说：“嗯。”

会场上，人们听到智能语音助手煞有介事地运用语气词，不时发出善意的哄笑。

理发店接待员看过预约记录后说：“没问题，请问大概是什么时段？”

智能语音助手说：“中午 12 点。”

理发店接待员说：“12 点已经有预约了，其他最接近的时间是 1:15。”

智能语音助手问：“上午 10 点到 12 点之间有空闲时段吗？”

理发店接待员说：“10 点这个时段有空位。”

在场的人们被智能语音助手完美无缺的表现震惊了，掌声雷鸣般地响起。马上有许多人在推特上迫不及待地说：“谷歌智能语言助手居然能这样自然流畅地和真人交流，连声音都和人类的声音一模一样，这太让人震惊，太可怕了！”

桑德演示的智能语音助手就是一个语音识别系统，它不但可以听懂人类的语言，而且可以模仿人类说话。

关于让计算机能听会说的研究很早就已经开始了。20 世纪 30 年代，美国的贝尔实验室就已经着手进行语音识别的研究工作，并在 1952 年成功地让机器可以识别从 0 到 9 的人类发音。进入到 60 年代以后，美国、日本、英国

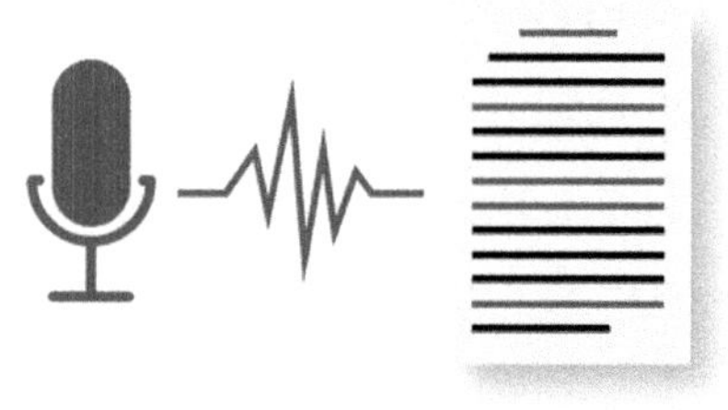
语音识别

和苏联都相继开展了计算机语音识别的专门研究。

我们知道，声音是一种波，称之为声波。计算机通过话筒把接收到的声波转换成电信号。电信号是一种连续变化的电波，计算机通过采样把电信号数字化。所谓采样就是在相同的时间节点上不断采集电信号的大小，这样就把连续的电信号转换成一串离散的数字。采样的频率越高，采集的数据量就越大，声音就被还原得越自然。这样采集下来的数据通过编码存储到计算机里，以便进行下一步的识别。

计算机下一步怎样识别出声音包含的意思呢？我们讲话时声音的最小单位是音素，也就是元音和辅音。英语有 48 个音素，其中元音音素为 20 个，辅音音素为 28 个。首先，计算机会根据波形数据对语音进行分段，识别出其中的每一个音素。然后，把识别出来的音素合成单词，把单词合成句子，最后对句子的意思进行理解。当然，我们这里讲的只是一个简单的过程，实际识别远没有这么简单。我们每个人讲话时都会带有不同的口音，生活中很少有人会字正腔圆、一字一顿地说话。不同环境、不同场景的噪声也会对所采集的语音信号有很大的干扰。语言的歧义性和模糊性更会影响到听众对意思的理解，如“雕像”和“刁相”的发音相同。

所以，早期的语音识别方法是从对固定领域里的十分有限的词汇和句子进行模式匹配开始的。先通过训练阶段，让人把词汇表中的每个单词依次读一遍，并且将其特征作为模板存入模板库。在识别阶段，将输入的语音的特征依次与模板库中的每个模板进行相似度比较，将相似度最高者作为识别结果输出。

20 世纪 70 年代，卡内基·梅隆大学在美国国防部的资助下成为了美国语音识别的一个富于成果的研究基地。在卡内基·梅隆大学里有一对夫妇，他们是计算机博士詹姆斯·贝克和珍妮特·贝克，开发了一套名为“龙”的语音识别技术，还以此创立了龙系统技术公司。他们在语音识别中引入了一种新的方法，把声波出现模式的概率和词频概率联系起来去发现对应关系的最大概率。这种概率统计的方法给语音识别研究打开了一扇大门，为后来语音识别技术的发展提供了宝贵的思路和经验。

另一位著名的语音识别研究者是图灵奖得主拉吉·瑞迪教授，他带领自己的学生把根据语言学习知识总结出来的语音和英语音素、音节的对应关系用知识判定树的方式画在黑板上，每次从系统中得到一个新的发音时，就根据黑板上的知识来确定对应的是哪个音素、哪个音节、哪个单词。如果黑板上的知识无法涵盖某个新的发音，就相应地扩展黑板上的知识树。他把研发出的这个系统叫作 Hearsay，人们亲切地把它叫作“黑板架构模型”。

他的学生布鲁斯·劳埃尔觉得 Hearsay 有很大的局限性，他转而用自己的方式对该系统进行了改进，设计出了名为 HARPY 的语音识别系统。布鲁斯·劳埃尔的思路是：把所有能讲的话串成一个知识网络，把每个单词打开变成单独的音节、音素，然后根据它们的相互关系，将它们串联在网络里，并对网络进行优化，用动态规划算法快速搜索这个知识网络，找出最优解。他在博士论文中展示了这套语音识别系统，成为卡内基·梅隆大学研发出的当时世界上最好的语音识别系统，可以识别 1011 个英文单词。

可别小看这 1011 个单词的识别，它凝结了数不清的研究和探索，成功的代价也是巨大的。HARPY 语音识别系统为了听懂 1 秒的内容需要执行 3000 万条计算机指令，在当时的计算机硬件条件下需要大约 1 分钟的时间。今天，计算机 1 秒就可以处理数十亿条指令，实时处理语音才成为可能。

基于数据的统计建模，比模仿人类思维方式总结知识规则更容易解决计算机领域的问题。计算机的“思维”方法与人类的思维方法之间似乎存在着非常微妙的差异，以至于在计算机科学的实践中越是抛弃人类既有的经验知识，越依赖问题本身的数据特征，越容易得到更好的结果。因此，以知识为基础的语音识别研究日益受到重视。在进行连续语音识别的时候，除了识别声学信息外，更多的是利用各种语言知识（诸如构词、句法、语义、对话背景等）来进一步对语音进行识别和理解。同时，在语音识别研究领域也产生了基于统计概率的语言模型。

彼得·布朗特别聪明，他跟当年从卡内基·梅隆大学毕业的许多博士生一样，进入了那个时代科学家最向往的几个超级乐园之一——IBM 公司的沃森研究中心。在沃森研究中心里，彼得·布朗跟着弗雷德里克·耶利内克领导的小组研究语音识别。那个时代语音识别的主流技术还是拉吉·瑞迪教授主导的专家系统模式，可 IBM 公司里的这一小撮人因为一时找不到语言学方面的专家，只好悄悄搞起了概率统计模型。世界上的事情有时候就是这样的，有心插花花不开，无心栽柳柳成荫。他们自己也没想到，弄一大堆训练数据统计来统计去，效果反而比专家系统的方法还好，成功率提升了不少。随着统计模型的崛起，在随后的一二十年中，按照单词统计的识别错误率从 40% 左右降低到 20% 左右。

语音助理

2011 年之前，主流的语音识别算法在各主要语音测试数据集中的识别准确率还与人类的听写准确率有一定的差距。2013 年，谷歌语音识别系统识别单词的错误率在 23% 左右。也就是说，语音识别系统基本上还停留在比较稚嫩的阶段，说话者必须放慢语速，力求吐字清晰，才能获得令人满意的准确率。然而，突破就在眼前。在神经网络和深度学习突飞猛进的时代，人工神经网络在语音识别中的应用研究大规模地兴起。在这些研究中，大部分采用了基于反向传播算法的多层感知网络，大大提高了区分复杂的分类边界的能力，助推了模式的划分。新的突破只用了两三年的时间就让微软、IBM、谷歌等公司将语音识别的错误率从 20% 左右降低到了 6.3%，这就有了我们开始时讲到的那一幕。2018 年 5 月谷歌的智能语音助手向世人展示了今天人工智能语音识别技术令人惊叹的发展。故事还在继续，层出不穷的新突破正在让我们目不暇接。

7.2　计算机是怎样读懂文章的

自人类文明诞生以来，文字就是人类交流信息、记载历史和传播知识的基本介质。不仅如此，文字作为人类语言的书写形式，还是人类文化思想和智能的一种载体。所以，在人工智能研究中，如何让计算机识文断字就是一个十分重要的课题，叫作自然语言识别。而自然语言识别的一个重要理论基础就是语言学。

美国哲学家、语言学家和认知科学家乔姆斯基是开拓这一领域的先驱和大师。没有他，我们可能还在黑暗中摸索。直到有了乔姆斯基，语言学才有了坚实的理论基础，成为一门真正的科学。难怪有人称乔姆斯基是语言学的牛顿。

乔姆斯基出生在美国费城的一个犹太家庭，16 岁就进了入宾夕法尼亚大学。在大学二年级的时候，乔姆斯基厌倦学业，准备退学，他的老师、结构语言学的开山鼻祖哈里斯劝他留下，还给了他一本自己尚未出版的书稿《结构语言学方法》，建议他学习语言学，并对他说要先从数学和哲学入手开始学习。哈里斯是把语言学从人文学科转为科学的第一人，他在宾夕法尼亚大学建立了美国第一个语言学系。在老师的影响下，乔姆斯基豁然开窍，从此走上了语言学之路。

在宾夕法尼亚大学拿到学士和硕士学位后，他跑到哈佛大学，投奔在了当时美国哲学界领袖奎因的门下，成为了一名初级研究员。在哈佛大学，他发表了他的第一篇学术论文《句法分析系统》。

1955 年 4 月，为了免服兵役，乔姆斯基跑回宾夕法尼亚大学，求老师帮忙给他一个博士学位。因为按规定，如果拥有博士学位，就可以不去当兵。他的老师们当然知道，博士学位对于乔姆斯基的才能来说不过是小菜一碟，但也不能说给就给，还是要有规矩的。于是他们说，只要你能拿出一篇像样的博士论文，我们就可以让你拿到博士学位。乔姆斯基就从他正在写的一部近千页的大作中节选出了一篇博士论文。他的大作就是在 20 年后才发表的《语言学理论的逻辑结构》，是他那具有划时代意义的句法分析理论的雏形。他的老师们自然无话可说。仅书面回答了几个问题后，他就顺利拿到了博士学位。

按照乔姆斯基的句法分析理论，句子可以通过一系列规则得到解析。一个句子可以解析为名词词组和动词词组，而名词词组和动词词组又可以继续被解析下去。他认为，所有语言都是与此类似的句法结构，并进一步指出语言的结构是内在的，而不是通过经验得到的。他还试图证明，语言机制的核心是简单的合并操作，而合并是人类通过进化所特有的能力。对语言的创造性使用是人性的标志。乔姆斯基的文法和各种自动机的关系是计算机科学的理论基石之一，也为如何让计算机识文断字的早期研究和其后发展奠定了理论基础。

1968 年，卡内基・梅隆大学的一个叫奎林的学生对用计算机表达人类思维活动特别是记忆的组织方式十分感兴趣。他提出了一种以网络格式表达人类知识构造的形式，人们称之为语义网络，用于描述物体的概念与状态及其相互间的关系。语义网络由节点和节点之间的弧组成，节点表示概念（事件、事物），弧表示它们之间的关系。在数学中，语义网络是一个有向图，与逻辑表示法对应。

语义网络是一种用图来表示知识的结构化方式。在一个语义网络中，信息被表达为一组节点，节点通过一组带标记的有向线段彼此相连，用于表示节点间的关系。开始时，语义网络是作为人类联想记忆的一个明显公理模型提出的，随后在人工智能中用于自然语言理解。

语义网络的一个重要特性是属性继承。凡是用有向弧连接起来的两个节点都有上位与下位关系。例如“兽”是“动物”的下位概念，又是“虎”的上位概念。所谓属性继承指的是上位概念具有的属性均可由下位概念继承。在属性继承的基础上，可以方便地进行推理。语义网络可以深层次地表示知识，直接

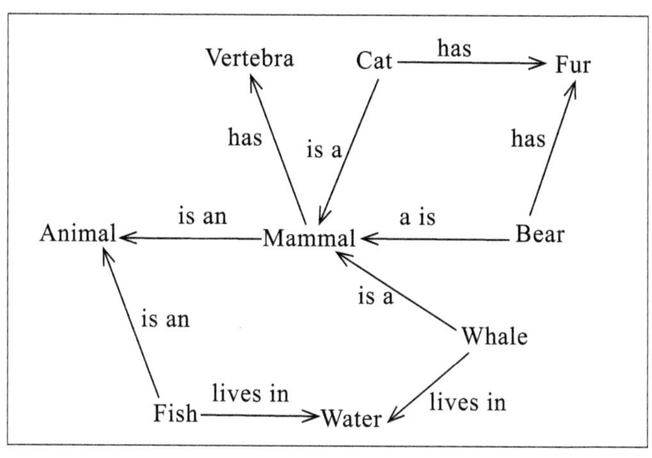

语义网络

而明确地表达概念的语义关系，模拟人的语义记忆和联想方式，为知识的整体表示、检索和推理提供了基础。

有了以模式识别技术为主的文字识别方法和以语义网络技术为主的文字理解方法，让机器识文断字就成为了现实。今天手机上的扫一扫、自动翻译软件、专家系统和知识库的背后都有它们的身影。

在自然语言识别的研究中一直有两种不同的方法，其中一种是以乔姆斯基为代表的语言学方法，另一种是以贾里尼克为代表的统计学方法。所谓的统计学方法就是在大量数据的基础上形成语料库，通过概率统计来发现数据特征，建立数据模型。实际上，这是一种建立在大数据之上的机器学习方法。简单点说，一个词在生活中的用法多种多样，但在不同环境和场合下出现的频率不同，和其他词语关联的频率也不同。我们把这种出现的频率叫作概率。把各种词语出现的概率统计记录下来，建立一个词语的统计模型。通过这样的统计模型，我们就可以分析和理解一个句子的意思。

贾里尼克是 IBM 公司的一名科学家。他领导了 IBM 公司沃森研究中心机器翻译小组的工作，推出了法语和英语间的翻译系统 CANDIDE，成为了自然语言识别领域里统计学方法的代表。他的名言是：“我每开除一名语言学家，我的语音识别系统的性能就将提高 1 倍。”看得出来，他是多么不喜欢自然语言处理中的语言学方法。

然而，条条大路通罗马。在人工智能科学的研究中，一直就是八仙过海，各显其能。

7.3 新闻不再用人写

2016 年，谷歌的工程师让人工智能系统学习了 2865 篇爱情小说，然后又教给它一些英语诗歌创作的基本格式，接下来人工智能系统真的写出了一首又一首情感小诗。比如下面这首小诗：“没有人见过他 / 这让我想哭泣 / 这让我觉得不安 / 没有人见过他 / 这想法让我微笑 / 痛苦曾经难以忍受 / 人们曾经无语 / 那个男人喊了出来 / 那个老人说 / 那个男人问。”

这些英文诗读下来，虽说有一些多愁善感的意味，但还是让人觉得似是而非，多少有些莫名其妙。但人工智能在新闻写作上就大不一样了。你知道吗？现在相当数量的新闻都是由计算机上的人工智能程序自动撰写的。

2011 年，思科公司的一个名叫罗比・艾伦的工程师创办了一家小公司，取名叫 Automated Insights，其首字母缩写就是人工智能的英文缩写——AI。罗比・艾伦立志研发人工智能自动写作程序。Automated Insights 公司与美联社等新闻机构合作，用机器自动撰写新闻稿件。2013 年，机器自动撰写的新闻稿件已达 3 亿篇，超过了所有主要新闻机构的稿件产出数量；2014 年，Automated Insights 公司的人工智能程序撰写的新闻稿已超过 10 亿篇。

美联社于 2014 年宣布，将使用 Automated Insights 公司的技术为美国和加拿大的上市公司撰写营收业绩报告。目前，美联社每季度使用人工智能程序自动撰写的营收报告接近 3700 篇，这个数量是同时段美联社记者和编辑手工撰写的相关报告数量的 12 倍。2016 年，美联社将自动新闻撰写扩展到体育领域，从美国职业棒球联盟的赛事报道入手，大幅减轻人类记者和编辑的劳动强度。

2014 年 3 月 17 日清晨，仍在梦乡中的洛杉矶市居民被轻微的地面晃动惊醒。这是一次震级不大的地震，但因为震源较浅，市民的感受还是比较明显的。地震发生后不到 3 分钟，《洛杉矶时报》就在网上发布了一则有关这次地震的详细报道，报道不但提及了地震台网观测到的详细数据，还回顾了旧金山区域最近 10 天的地震观测情况。

人们在新闻报道的网页上看到了《洛杉矶时报》记者的姓名，但该新闻之所以能够在如此短的时间里发出，完全要归功于可以不停工作的人工智能新闻撰写程序。在地震发生的瞬间，计算机就从地震台网的数据接口中获得了有关地震的所有数据，然后飞速生成英文报道全文。刚刚从睡梦中惊醒的记者一睁眼就看到了屏幕上的报道文稿，他快速审阅、署名后，用鼠标单击了“发布”按钮。一篇自动生成并由人工复核的新闻稿就这样在第一时间快速面世了。

美国的美联社、《华盛顿邮报》以及中国的新华社在人工智能新闻写作方面进行的探索和实践，在很大程度上提高了新闻写作的效率，同时也保证了新闻写作的准确性。对于一些新闻消息来说，是可以通过人工智能进行信息检索和信息加工来实现的。

人工智能是如何进行写作的呢？其实，计算机主要采用机器学习、深度学习等算法来生成文章或辅助写作，如写稿机器人、写作辅助工具、智能写诗、智能写春联等。写新闻的机器人记者实时在网上发现最新的信息，大量搜索相关数据，并根据以往对事实进行评论的方法和用语来迅速产生一篇报道。比如在体育报道方面，它能够充分理解“反败为胜”“团队努力”之类的专业术语，同时根据算法的判断对体育比赛最重要的方面进行报道。它不是单纯地复述事实，而是会给文章加入一些不同的新元素。

我们知道，任何一类文章都有自己的体裁特点和风格样式，这种体裁特点和风格样式在新闻报道上更加突出和鲜明。人工智能写作的基本能力就建立在分析大量数据的基础上，总结和发现这些规律和特点，然后通过解构，从大量数据中提取所需内容，并通过排列、组合形成新的文章。

《纽约时报》研究与发展实验室提出了一整套新闻编码理论，这套理论以

“积木式”的编辑模式改变了新闻生产和分发的所有环节，最大限度地释放了媒体人的生产力。最核心的是把可能会被重复使用的部分识别出来并加以注释，这一过程称为“文法”或“颗粒”。所有资讯的内容都被转化为了可供拼装的“颗粒”，每个部分都被重新编码，添加标签，而且是可以被嵌入的。这样新闻制作就变成了一种固定的方法。首先选定主题，然后编写搜索引擎搜取题材对应的文本数据，再通过清洗和整理数据，去除无效信息，进一步探索数据，发现其中有价值的信息，最后编写机器学习算法完成创作。

人工智能参与的写作是“代入式”写作，也就是说人工智能进行的是程序编辑或公式编辑写作。目前，网络上有“网络小说生成器”“诗歌写作生成器”等各种文学写作程序。实际上，这些写作软件只能进行简单的文字拼接和粘贴，在程序的背后，人工智能软件中已经被“植入”了大量故事段落或者诗句资料，只要给定一个主题，它就可以在极短的时间内“运算”和“比对”出一首诗歌或者一篇小说。

微软亚洲互联网工程院在 2014 年 5 月发布了一款人工智能机器人小冰，它凭借在大数据、自然语义分析、机器学习和深度神经网络方面的技术积累，实现了超越简单人机问答的自然交互。小冰出版过诗集《阳光失了玻璃窗》，还参加过中央电视台《机智过人》节目进行的人机诗歌写作对抗。小冰的出现引发了关于人工智能写作的争论和探讨。人们争论的焦点主要集中在人工智能是否已经发展到能够替代真正人类所开展的具有丰富想象力的文学创作活动，以及人工智能写作是否真的像人工智能专家所认为的那样具有广阔前景。

在小冰的现代诗歌“创作”和“鉴赏”中，读者经常面临很多的“纠结”，常常误以为人工智能“创作”诗歌在有些情况下无异于诗人的创作。其实，出现这种结果主要是因为现代诗歌的基本特征和当前现代诗歌写作中所存在的问题的双重作用。现代诗歌创作与古典诗歌创作有很大的不同，现代诗歌创作没有严格的限制和约束，自由发挥的随意性很大，常常通过跳跃、断句、隐喻、象征等方式来传达朦胧、隐晦甚至诡异的诗意，诗句之间被打乱的逻辑关系常常把诗意的重构丢给读者，从而使诗意有更大的想象空间。所以，当我们选择阅读某些现代诗歌的时候，对诗意的领会就会比较“艰难”。这种“艰难”如果具有正当性，诗歌就是好作品，而有的“艰难”是接受者或创作者的水平参差不齐造成的。这正是现代诗歌在今天常常遭受读者和文学研究者“诘难”的重要原因。

然而，这在无形中给人工智能的现代诗歌创作提供了更大的可发展性。小冰自身存储了大量现代诗句，它可以从资源库中调取、比对资源进行写作。对于单个句子，小冰的确可以完美且没有语法错误地完成创作，而且这句诗一定是“诗句”，因为它直接“借鉴”或“挪用”了经典诗歌作品中的句子。但在进行多句连读和分析时，我们发现诗歌的意境和韵味常常难以令人满意，而且诗歌写得越长，我们越能发现其中的“裂痕”和问题。从这一点上来说，诗歌以及其他诸多文体的创作活动是人类特有的表达方式，文学写作思维具有复杂性和综合性特征，而并非只是简单的逻辑推演与行动选择，故人工智能文学写作在目前的条件下不过是在玩“文字游戏”，毕竟今天的人工智能还不具有人类的情感和思想，只有“智商”而无“情商”。

7.4　从陪聊到辩论

随着人工智能自然语言处理技术的突破，以自然语言处理技术为基础的应用如雨后春笋般产生。陪聊是最早出现的一种会话机器人。2016 年，微软公司发布了一款针对青少年的名为 Tay 的在线聊天机器人。Tay 的会话内容主要由包括即兴喜剧演员在内的人士的作品汇集而成。由于 Tay 对世界一无所知，并不具备独立思考能力，完全是在算法的驱动下，被动地与真人会话，很快就在一些人恶意的引诱下，表现出了极端的种族主义倾向。微软公司不得不紧急叫停。微软公司的一位副总裁急忙出来道歉，表示对未提前看到这种可能性承担全部责任。

目前市场上已经有了各种类型的聊天机器人，比如客服机器人、儿童教育

机器人

机器人、娱乐聊天机器人、家居服务机器人、车载控制机器人和全方位服务型机器人等。

聊天机器人可以划分为目标驱动型和无目标驱动型两种。目标驱动型聊天机器人是指聊天机器人有明确的服务目标或者服务对象，比如客服机器人、儿童教育机器人以及提供天气预报、订票、订餐等服务的机器人。这种目标驱动型聊天机器人也可以称作特定领域的聊天机器人。

无目标驱动型聊天机器人是指聊天机器人并非为特定服务目的而开发，比如纯粹聊天机器人、娱乐聊天机器人以及计算机游戏中的虚拟人物聊天机器人都属于此类。这种无明确任务目标的聊天机器人也可以称作为开放领域的聊天机器人。

机器人是如何与真人聊天的呢？目前聊天机器人方面的人工智能技术主要有两种：检索式和生成式。所谓检索式就是事先建立一个对话库，聊天系统接收到用户输入的句子后，在对话库中以搜索匹配的方式进行应答内容提取。这种方式简单，但对对话库的要求很高，需要对话库足够大，能够尽量多地匹配用户的提问，否则会经常出现找不到合适应答内容的情形。它的好处是一旦找到匹配的内容，应答质量高，因为对话库中的内容都是真实的对话数据，表达比较自然。

生成式聊天机器人则是在接收到用户输入的句子后，根据对会话内容的理解和搜索，采用语句合成手段自动生成一句话作为应答。这种机器人的好处是可能覆盖任意话题的用户提问，缺点是生成的应答句子很可能存在问题，比如语句不通顺、句法错误等看上去比较低级的错误。

在大数据和人工神经网络技术突飞猛进的今天，更多的会话机器人都具有深度学习能力，因而变得能言善辩。它们不仅可以针对用户的提问，产生和用户的问句语义一致且逻辑正确的应答，并且语法正确，对答生动有趣，具有个性，不刻板沉闷，给人一种和真人聊天一样的感觉。

2019 年 2 月 11 日，在旧金山的叶巴布纳艺术中心上演过一幕人机互怼的大戏。IBM 公司研发的人工智能辩论系统和人类辩论大师哈利什·纳塔拉简进行了一场激烈、精彩的辩论。人类擅长和热衷于辩论，但在人工智能高度发展的今天，计算机也毫不逊色。

辩论场上看上去像液晶广告牌一样的计算机就是 IBM 公司目前在人工智能领域里最新的研发成果——人工智能辩论系统。其实，它已经不是第一次和人类辩论了。在 2018 年 6 月的人机辩论首战中，它的两个对手都是来自以色列的顶级辩论专家，最终战绩是 1 胜 1 负。

代表人类出战的哈利什可不是一般人，他是 2012 年欧洲辩论赛的冠军，取得了牛津大学政治、哲学、经济专业的学士学位以及剑桥大学的哲学和国际关系专业的硕士学位。哈利什是英国前首相卡梅伦的学弟、AKE 咨询公司的经济风险主管，获得的世界级辩论奖项多得数不清了，还保持着多项辩论世界纪录。

辩论规则很简单，在双方都没有预先准备和进行任何交流的条件下，现场公布辩题。双方都有 15 分钟的准备时间，开始后各有 4 分钟时间立论和 4 分钟时间反驳对方的观点，最后各有 2 分钟时间总结陈词，基本上遵循了传统辩论比赛的规则。胜负由旧金山湾区学校的顶尖辩手和 100 多名记者现场

辩论现场

评判。在开场前，评判人员根据辩题投票选择支持正方或反方。辩论结束后再次投票，支持人数增加的一方获胜。辩论的题目是“我们是否应该让幼儿园获得补贴”。

辩论开始后，人工智能辩论系统首先用一种近乎单调的女性声音开口说：“哈利什，你好。”接着它侃侃而谈，把它的主要观点“补贴学前教育有助于打破贫困循环”说得几乎无懈可击。别看它是机器，它的措辞完整，能够旁征博引，还引用了美国疾病控制与预防中心的数据。

接下来由人类辩手哈利什表述观点。他直接反驳人工智能辩论系统提出的“拯救贫困”的观点，针锋相对。人和机器，你来我往，唇枪舌剑，毫不相让。

比赛之前，79% 的观众同意幼儿园应该得到减免，只有 13% 的人反对。经过 20 分钟两个回合，双方分别总结陈词。最终投票结果为，IBM 公司的人工智能辩论系统的支持票数降低到 62%，丢掉了 17% 的票数。由于辩论胜负在于哪一方在辩论中获得支持的人数增加，因而人类获胜。

人工智能辩论系统展示了人工智能会话系统已经变得越来越灵活了。人工智能已经开始从只能回答某类特定问题的聊天机器人向可以回答更广泛的、答案并不唯一的问题发展。

“技术的发展正在突破人工智能的更多界限，让它可以更好地和我们互动，更好地理解我们。”IBM 公司的达瑞欧在 CNN 的节目《第一步》中说。

人工智能辩论系统是怎么辩论的呢？简单地讲，它从拿到观点到演讲分为这样几步。首先是判断观点。当操作者输入一个观点后，系统根据语义理解，自动判断该观点属于正方或反方。其次是筛选资料，在 IBM 公司为它构建的数据库中，找到所有可以支持这一观点的论据，并且判断论据的说服力。

除了各种知识文献外，这个系统存储的数据资料中还有一类非常关键的内容，就是观点在社会中引起的反响，其中可能包括专家发言、民意调查、辩论赛数据等可以反映该观点说服力的数据。这也是为什么它可以在极短的时间内从各种可能的答案中选择一个比较有说服力的答案，它只需要几秒就能从数据集中发现用哪种方法说服人类更有效。

找到了最有力的论点后，再找到支持该论点的最合适的论据，接下来就是排列组合，决定先说哪些，后说哪些，怎么说效果更好，最终形成辩论的整体逻辑。然后就到了最后一步，把这些内容变成演讲形式，并且用人类说话的方式通过语音表达出来。

这里涉及自然语言识别、语义理解等人工智能领域里的多项技术，在几年以前几乎没有哪个科技公司能达到这种程度。这一步对人工智能来说也是很艰难的，但 IBM 公司的这套系统显然已经可以做到。

这套人工智能辩论系统具有强大的语义理解和语言生成能力，应用领域包括净化网络环境、辅助语言学习，可以彻底改变人机交互方式。进一步的意义在于，它能通过不断提升数据处理能力，向医生、投资人、律师甚至执法机关和政府部门在做出重要决策时提供客观全面、无人性偏颇和不受情绪左右的建议。

当然，目前我们看到的所有“机器独立意识”其实都只是程序员根据人类模拟出的假象，目前人工智能技术的极限还只是“解决特定问题”。人工智能辩论系统的诞生代表着人类在尝试教会机器该如何思考上的一个突破。IBM 公司智能辩论系统的官网底部有这么一句话：“辩论，只是一个开始。”是啊，虽然今天人工智能辩论系统输了，但明天鹿死谁手就很难说了。

7.5 出国无须带翻译

今天，你拿出手机，无论是扫一扫还是语音翻译，各种机器翻译软件应有尽有，让你出国不用带翻译。这是自然语言识别技术发展的结果。

关于机器翻译的研究从 20 世纪三四十年代就已经开始了。一个名叫阿尔楚尼的亚美尼亚裔法国科学家最早提出了用机器进行翻译的想法。他发明了一种机械存储装置，可以容纳数千个单词，通过键盘后面的宽纸带进行资料检索。阿尔楚尼认为，它可以用来记录列车时刻表和银行账户，尤其适合作为机器词典。在宽纸带上面，每一行记录源语言的一个词项以及这个词项在多种目标语言中的对应词项，在另一条纸带上对应的词项处记录相应的代码，这些代码以打孔的方式来表示。

1933 年，他申请了翻译机的专利，把它命名为“机械脑”。机械脑于 1937 年正式展出，引起了法国邮政、电信部门的兴趣。但是，由于不久爆发了第二次世界大战，阿尔楚尼的机械脑只能让位于战争更紧迫的需要，无果而终。

1954 年，美国乔治城大学在 IBM 公司的协同下，用 IBM 701 计算机首次完成了英俄机器翻译试验。虽然该系统只有 6 条语法规则和 250 个单词，但它成功地向公众和科学界展示了机器翻译的可行性，从而翻开了机器翻译研究的新篇章。

中国开始这项研究也并不晚，早在 1956 年国家就把这项研究列入了全国科学工作发展规划，课题名称是“机器翻译、自然语言翻译规则的建设和自然语言的数学理论”。1957 年，中国科学院语言研究所与计算技术研究所合作，开展了俄汉机器翻译试验，翻译了 9 种不同类型的较为复杂的句子。

然而早期的研究并不顺利。1964 年，为了对机器翻译的研究进展做出评价，美国科学院成立了语言自动处理咨询委员会。开展了为期两年的综合调查、分析和测试后，他们得出的结论是机器翻译比人工翻译还要慢，而且更不准确，成本是人工翻译的两倍，毫无价值。于是在 1966 年 11 月，该委员会公布了一篇题为《语言与机器》的报告，全面否定了机器翻译的可行性，并建议停止对机器翻译项目的资金支持。这一报告的发布给了当时正在蓬勃发展的机器翻译研究当头一棒，机器翻译研究陷入了近乎停滞的僵局。

但科学研究并没有因此停止，特别是计算机科学、语言学理论方面的研究。进入 20 世纪 70 年代以后，计算机硬件技术的快速发展以及人工智能在自然语言处理上的应用，从技术层面推动了机器翻译研究的复苏，机器翻译研究又开始活跃起来，各种实用的以及试验性的系统被先后推出。

随着互联网的出现和普及，数据量激增，统计方法得到了充分应用。互联网公司纷纷成立机器翻译研究组，研发了基于互联网大数据的机器翻译系统，从而使机器翻译真正走向实用化，“百度翻译”“谷歌翻译”纷纷出笼。近年来，随着深度学习的发展，机器翻译技术得到了进一步的发展，促进了翻译质量的快速提升，在口语等领域的翻译更加地道流畅。

机器翻译系统可划分为基于规则和基于语料库两大类。在基于规则的翻译中，由词典和规则库构成知识源。从美国乔治城大学的机器翻译试验到 20 世纪 50 年代末的系统，基本上都属于这一类机器翻译系统。在基于语料库的翻译中，由经过划分并具有标注的语料库构成知识源，既不需要词典，也不需要规则，以统计规律为主。

基于统计的机器翻译方法把机器翻译看成一个信息传输过程，把源语言句子到目标语言句子的翻译看成一个概率问题。任何一个目标语言句子都有可能是任何一个源语言句子的译文，只是概率不同，机器翻译的任务就是找到概率最大的句子。具体方法是将翻译看作原文通过模型转换为译文的解码过程。因此，统计机器翻译又可以分为模型问题、训练问题和解码问题 3 个方面。

所谓模型问题就是为机器翻译建立概率模型，也就是要定义源语言句子到目标语言句子的翻译概率的计算方法。训练问题是利用语料库得到这个模型的所有参数。解码问题则是在已知模型和参数的基础上，对于输入的任何一个源语言句子，去查找概率最大的译文。

早在 1949 年用统计学方法解决机器翻译问题的想法就由美国数学家韦弗提出，但由于当时以乔姆斯基为首的很多人对统计方法在自然语言识别领域里的应用持批判态度，这种方法很快就被放弃了。批判的理由主要是语言是无限的，基于经验主义的统计描述无法满足语言的实际要求。另外，限于当时计算机的运算速度，统计的价值也无从显现。

韦　弗

不过，自此就有了统计学派和符号学派在人工智能方法上的两军对垒。

2016 年，谷歌发布了神经机器翻译系统，使用了循环神经网络进行序列到序列的学习，大幅提高了机器翻译的水平。循环神经网络是一种深度学习算法，它让神经网络内部的所有节点都相互连接，并使用能量函数进行学习，大大强化了学习效果。神经翻译的基本单位是句子，相对于基于短语的翻译，误差率降低了 60%，翻译质量得到了巨大的提升。2017 年，脸书也推出了基于卷积神经网络的翻译系统。

语言学泰斗乔姆斯基也许会问："这种翻译算理解吗？这不过是在玩弄数据。"但也许翻译根本就不是理解的问题，不需要语义分析，而只是数据问题，是一种"经验之谈"。没有乔姆斯基，自然语言研究也许还在黑暗之中摸索，但有了乔姆斯基，是不是一定要束缚我们对其他方法的探索和尝试呢？毕竟实践是检验真理的唯一标准。

第 8 章　机器人来啦

8.1　让机器自己工作

美国好莱坞大片《星球大战》系列长达 7 集，跨越了 30 多年。一个名叫阿纳金·天行者的人从一名绝地武士演变成不可一世的大魔头“黑武士”，但他的儿子卢克和他作对，最后打败了他，消灭了银河帝国。天行者父子两代人的故事把善与恶的斗争贯穿在整个《星球大战》系列之中，书写了一部银河史诗。影片中塑造了许多不同的机器人角色，但给观众留下深刻印象的还是那对幽默搞笑的机器人小伙伴 R2-D2 和 C-3PO。它们多次在关键时刻扭转乾坤，营救过莱娅公主和卢克。

R2-D2 是个机智、勇敢而又鲁莽的宇航技工机器人。它小巧的身体只有 0.96 米高，但塞满了装有各种工具的附加臂。这使它成为了一个了不起的太空船技工和计算机接口专家。

C-3PO 是一个神经质的、多愁善感的礼仪机器人。所谓礼仪机器人主要是用来娱乐搞笑的。它由废弃的残片和回收物拼凑而成，“衣不遮体”，很多接线和部件暴露在外。阿纳金·天行者打算让这个自制机器人帮助他的妈妈施密。

C-3PO 幽默滑稽，善良可爱，受到了观众的喜爱。

电影中的机器人当然都是虚构的，它们其实都是由真人扮演的角色，但它们反映了人类对机器人的想象和创造。

在人工智能的应用中，机器人是一个集人工智能各个分支领域的成果于一体的产物，计算机视觉、自然语言处理、专家系统等都需要完美地应用于机器人领域。不过到目前为止，现实中的机器人和电影中的机器人相比，无论是智商还是颜值都相差甚远。有人开玩笑说："所谓人工智能，就是让机器人试着做到在电影里它们能做到的事。"

最早出现的现代机器人是机械手，它可代替人类做繁重的劳动以实现生产的机械化和自动化，能在有害环境中进行操作以保护人身安全，因而广泛地应用于机械制造、冶金、电子、轻工业和原子能等行业，被称为工业机器人。

机械手是一种能模仿人类手臂的某些动作和功能，用以按固定程序抓取、搬运物件或操作工具的自动操作装置。它可以通过编程来完成各种预期的作业，在构造和性能上兼有人和机器的优点。

约瑟夫·恩格尔伯格

发明世界上第一个机械手的人叫约瑟夫·恩格尔伯格。1925年，他出生于纽约布鲁克林的一个德国移民家庭。从小酷爱技术与科幻的他先在哥伦比亚大学攻读物理学，然后又用了3年时间获得该校的机械工程硕士学位。科幻给了他想象的灵感，技术让他具有了实现灵感的能力。

其实，早就有人开始研究如何让生产制造自动化，但一种可以让这种自动化变成现实的机器一直没有开发出来。自学成才的发明家德沃尔从事机电工程和机器控制方面的工作。在工作中，他设计了一种能按照程序重复"抓"和

“举”等精细工作的机械臂。1954 年，德沃尔正式向美国政府提出专利申请，要求生产一种用于工业生产的“具有重复性作用的机器人”。

在一次鸡尾酒会上，恩格尔伯格认识了德沃尔。他们相谈甚欢，发现彼此都喜爱科幻小说。德沃尔乘兴向恩格尔伯格解释了自己的发明概念。恩格尔伯格饶有兴致地听着，他很快便意识到这位新认识的仁兄的发明将是他机器人梦想的技术起点。

德沃尔

于是，他决定买下德沃尔的专利，将德沃尔的发明投入应用，来生产取代人力劳动的机器人。恩格尔伯格把自己的想法告诉了德沃尔，德沃尔也十分愿意。1957 年，恩格尔伯格拉到了 300 万美元的天使投资，两人合作创立了 Unimation 公司，这是世界上第一家机器人生产公司。1959 年，一个重达 2 吨但精度达 0.0025 毫米的庞然大物诞生了，这就是世界上第一台工业机器人尤尼梅特（Unimate）。

1966 年，恩格尔伯格带着最新一代的尤尼梅特机器人上了美国最热门的晚间电视节目《今夜秀》，让它对着全美观众表演高尔夫球推杆、倒啤酒、指挥乐队等有趣动作。恩格尔伯格一夜成名，被称为“工业机器人之父”。

1983 年，恩格尔伯格和他的同事将 Unimation 公司卖给了西屋公司，并创建了 TRC 公司，开始研制服务机器人，把机器人推向更广阔的应用领域。1988 年，恩格尔伯格的护士助手医疗机器人上市。依靠大量的传感器，护士助手医疗机器人能够在医院中自由行动，协助护士提供送饭、送药和送信等服务，好似电影《超能陆战队》中的“大白”。

机械手主要由执行机构、驱动机构和控制系统三大部分组成。机械手的执行机构分为手部、手臂和躯干。手臂的内孔中装有传动轴，可把动力传递给手部，实现转动手腕、伸缩手指的功能。机械手手部的构造模仿了人的手指，分为无关节、固定关节和自由关节 3 种，可根据夹持对象的形状和大小，配备多种形状和大小的夹头以满足操作的需要。而没有手指的手部一般由真空吸盘或磁性吸盘来完成抓取功能。手臂的作用是引导手指准确地抓住工件，并将其运送到所需的位置上。躯干是安装手臂、动力源和各种执行机构的支架。

机械手

机械手所用的驱动机构主要有液压驱动、气压驱动、电气驱动和机械驱动几种，其中液压驱动和气压驱动用得最多。在液压驱动式机械手中，通常由液压驱动机、伺服阀、油泵、油箱等组成驱动系统，驱动机械手的执行机构进行工作。它具有很大的抓举能力，对付几百千克的重物都不在话下。在气压驱动式机械手中，驱动系统通常由汽缸、气阀、气罐和空气压缩机组成，动作迅速，结构简单，造价较低，维修方便，但难以进行速度控制，气压也不可太高，故抓举能力有限。电气驱动是机械手中应用得最多的一种驱动方式，因为电源使用方便，响应快，驱动力较大（关节型可持重 400 千克），信号检测、传动、处理都很方便，并可采用多种灵活的控制方案。

机械手的控制参数包括工作顺序、到达位置、动作时间、运动速度、加减速等。机械手的控制方式分为点位控制和连续轨迹控制两种。控制系统可根据动作的要求，采用数字顺序控制方式，通过编程加以存储，然后根据规定的步骤执行相应的程序来完成控制任务。

国际标准化组织采纳了美国机器人学会给机器人下的定义："一种可编程和多功能的操作机，或为了执行不同的任务而具有可用计算机对动作进行改变和编程的专门系统。”

从 20 世纪 70 年代开始，除了美国，日本和欧洲的机器人工业也有了快速发展。根据国际机器人联合会发布的《2012 年世界机器人研究报告》，到 2011 年底，已有超过 100 万个工业机器人在世界各地的工厂中服务。今天工业机器人更是无所不在，无人车间、无人工厂已经开始普及。

当然，大多数工业机器人还不会行走，早期的机械手也都是些老老实实地待在工位上勤勤恳恳地干着固定工作的大家伙。前文曾介绍过，第一个可以自由行走的通用机器人是由美国斯坦福研究所在 1968 年开发研制的。由于它移动起来摇摇晃晃，所以被命名为沙克依。沙克依是首台全面应用人工智能技术的移动机器人，能够自主进行感知、环境建模、行为规划并执行任务。它装备了电子摄像机、三角测距仪、碰撞传感器以及驱动电机，并通过无线通信系统由两台计算机进行控制。当时计算机的运算速度非常慢，导致沙克依往往需要数小时的时间来感知和分析环境以及规划行动路径。虽然今天看起来沙克依简单而又笨拙，但在研制沙克依的过程中获得的各种技术成果影响了很多后续的研究。

在仿人机器人方面，日本走在世界前列。1973 年，日本早稻田大学的加藤一郎教授研发出了第一台用双脚走路的机器人 WABOT-1，加藤一郎后来被誉为“仿人机器人之父”。在他的影响下，日本的很多大企业也投入到了仿人机器人和娱乐机器人的开发中，比较著名的产品有本田公司的仿人机器人 ASIMO 和索尼公司的机器宠物狗 AIBO。

1998 年，丹麦乐高公司推出了“头脑风暴”机器人套件。使用套件中的机器人核心控制模块、电机和传感器，孩子们也能走进机器人的世界，可以自行设计各种像人、像狗甚至像恐龙的机器人，然后动手像搭积木一样把它拼装出来，并可通过简单编程让机器人做各种动作。机器人已经全面走入我们的生活，从生产到娱乐，从教育到服务。我们离创造出科幻大片中的机器人的时刻已经不远了。

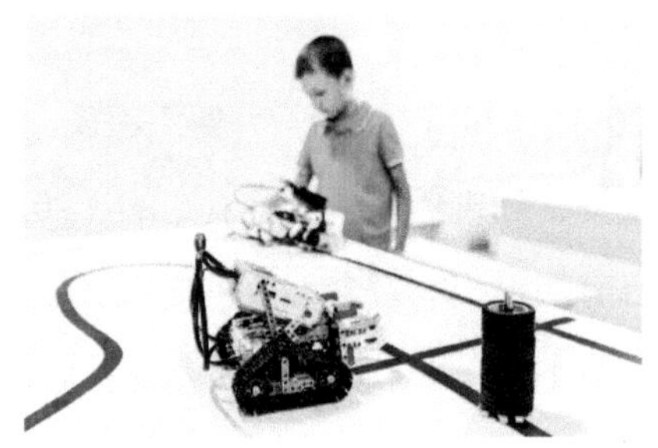

乐高公司的“头脑风暴”机器人套装

8.2　科幻作家阿西莫夫和著名的机器人三定律

随着人工智能的飞速发展，机器人的功能越来越强大，有人担心有一天机器人会不会取代人类而主宰地球的命运？好莱坞大片更是把这种担心在屏幕上变成了惊悚的场景和令人恐惧的灾难，在电影《黑客帝国》中人工智能计算机就统治了整个世界。其实，科幻作家阿西莫夫很早就意识到了这个问题，他著名的机器人三定律就是他为机器人制定的“道德底线”。

艾萨克·阿西莫夫出生在莫斯科西南约 400 千米的一个名叫彼得罗维奇的小村庄里。他的父母是犹太人，家庭非常普通，他在两岁的时候差点死于肺炎，据说他是当地肺炎流行时唯一幸存下来的孩子。后来，全家人在阿西莫夫定居于美国的舅舅的帮助下，几经周折来到美国。到达美国后，他的父母开了一家糖果店维生。

阿西莫夫

少年时代的阿西莫夫是个超级神童，智商高达 160，多次跳级，考试总是第一，是个名副其实的学霸，但也是个捣蛋鬼，让老师头疼不已。11 岁时，他爱上了写作，不过和所有初出茅庐的作者一样，他频繁遭遇退稿。他在 15 岁时考入美国哥伦比亚大学，然后一路读到博士。在求学期间，阿西莫夫终于发表了他的第一篇科幻小说《逐出灶神星》，紧接着发表了《致命的武器》《趋势》等作品。他用自己的文字征服了读者，也用稿费收入支付了自己的学费，从而减轻了家里的负担。

他从小就深刻理解病痛、种族问题和世俗生活的艰难，这些都影响了他的创作，让他的作品中总是带有浓厚的人文情怀和对民主、科学、环保的关注。在哥伦比亚大学读研究生期间，成绩优异的他又发表了《我，机器人》等作品，几次荣获雨果奖和星云奖。他的才华和成就让他成为了美国科幻小说作家、科普作家和文学评论家，是美国科幻小说黄金时代的代表人物之一。

他一生著书近 500 本，题材涉及自然科学、社会科学和文学艺术等许多领域，与儒勒・凡尔纳和乔治・威尔斯并称为科幻历史上的三巨头。他还是著名的门萨俱乐部的会员，后来担任副会长。他的作品“基地系列”“银河帝国三部曲”和“机器人系列”被誉为“科幻圣经”。

就在阿西莫夫顺利取得了硕士学位并马上开始申请哥伦比亚大学的博士课程那一年，他发表了短篇小说《转圈圈》，首次在书中提出了著名的机器人三定律，为规范机器人的行为提出了自己的看法。这后来成为了“现代机器人学的基石”。

机器人三定律为机器人订下了这样的行为准则。

（1）机器人不能伤害人类，或者目睹人类个体将遭遇危险而袖手旁观。

（2）机器人必须执行人类的命令，除非这些命令与第一条定律相抵触。

（3）机器人在不违背第一、二条定律的情况下要尽可能保护自己的生存。

1985 年，阿西莫夫出版了“机器人系列”的最后一部作品《机器人与帝国》。在这部书中，他提出了凌驾于机器人三定律之上的第零定律：机器人必须保护人类的整体利益不受损害，其他三条定律只有在这一前提下才能成立。

阿西莫夫对人文主义抱有严肃的态度，他经常发表与其相关的演说并写文章甚至著书来探讨。他把科学看作地球上伟大而统一的原则。他利用科幻小说这种特殊的文学形式，在普及科学知识的同时，促使人们去考虑人类与科技、历史等各方面的关系，考虑人类与整个社会的协调发展。晚年时，他担任了美国人文主义学会的主席，直到他去世。

机器人真的会超越人类吗？如果这真的会发生，那将是什么时候呢？发生了以后，人类又将如何与机器人相处呢？要想回答这些问题，我们先要了解今天的人工智能到底有多“聪明”，人工智能到底会发展到什么程度，什么样的人工智能会让机器人超出人类的控制范围而给人类带来威胁。让我们先厘清一下有关不同层级人工智能的几个基本定义。

人工智能可以分为 3 个层级。第一个层级叫弱人工智能，也称为限制领域人工智能或应用型人工智能。在这个层级上，人工智能专注于解决特定领域的问题。今天我们看到的所有人工智能都属于弱人工智能的范畴，如谷歌的阿尔法狗就是一个很好的实例。它的能力仅限于围棋，下棋时还需要人帮忙摆棋子。它自己连从棋盒里拿出棋子并将其置于棋盘之上的能力都没有，更别提下棋前向对手行礼、下棋后一起复盘等围棋礼仪了。显然，这样的人工智能技术对人类来说还谈不上什么大的威胁。

人工智能的第二个层级叫强人工智能，又称通用人工智能或完全人工智能。在这个层级上，人工智能可以胜任人类的所有工作。人可以做什么，强人工智能就可以做什么。能否通过图灵测试是强人工智能的一个实践性标志。一旦实现了符合这一描述的强人工智能，我们几乎可以肯定，所有人类工作都可以由人工智能来做。机器人为我们服务，每台机器人也许可以一对一地接替每个人类个体的具体工作，人类则获得完全意义上的自由，不再需要劳动。但目前我们还没有达到这样的水平。但它对人类可能带来的威胁是不言而喻的。

人工智能的第三个层级叫超人工智能，也就是说在这个层级上，人工智能已经全面超过人类智能。这样的人工智能不但有意识和情感，而且有思想和意志。牛津大学哲学家、未来学家尼克·波斯特洛姆在他的《超级智能》一书中将超人工智能定义为“在科学创造力、智慧和社交能力等每一方面都比最强大的人类大脑聪明得多的智能”。显然，对今天的人类来说，这是一种完全存在于科幻电影中的场景。但不难想象，如果人工智能发展到这一水平，人类被灭绝可能就是很容易的事情。

显然，如果对人工智能会不会挑战和威胁人类有所担忧的话，我们担心的就是这里所说的强人工智能和超人工智能。我们到底该如何看待强人工智能和超人工智能呢？它们会像阿尔法狗那样以远超我们预料的速度降临世间吗？

今天，关于超人工智能是否会到来和何时到来，学者们众说纷纭。悲观者认为技术加速发展的趋势无法改变，超越人类智能的机器将在不久的未来得以实现，那时的人类将面临生死存亡的重大考验。而乐观主义者则更愿意相信，人工智能在未来相当长的一个历史时期都只是人类的工具，很难突破超人工智能的门槛。

技术在今天正以日新月异的速度发展着。关于人工智能的未来，目前还没有统一的看法，但有一点是肯定的，那就是技术正在深刻地改变着人类的生活、生产和生存方式。这种深刻的变革已经并将不断地挑战人类的智慧和未来。

8.3　一辆不用司机驾驶的汽车

20 世纪 60 年代初，斯坦福大学机械工程专业的一个名叫詹姆斯的研究生鼓捣出了一个有 4 个轮子、可以在电视摄像机和无线电信号控制下自动行驶的电瓶车。虽然它的速度只有 0.3 千米 / 小时，但这毕竟是一次关于自动驾驶电动车的最初尝试。

斯坦福电瓶车

不久，斯坦福大学人工智能实验室主任厄纳斯特和电子工程专业的博士生史密斯也加入了研究之中。他们对詹姆斯的电瓶车做了些改进。在实验室四周的道路上，这辆电瓶车可以沿着一条白线，在交通信号灯的控制下，以 1.3 千米 / 小时的速度自动行驶。他们的成果引起了人工智能专业其他研究生的兴趣，他们纷纷参与到了研究之中。

不过，实验也并不都是一帆风顺的。一次，电瓶车撞到了一个出口的路肩上，电瓶中的液体都漏了出来。这个电瓶车成为了美国研究如何从地球上控制月球车的一个模拟器。

1986 年，美国卡内基・梅隆大学计算机科学学院机器人研究中心的研究人员在一辆雪佛兰汽车上安装了 3 台 Sun 工作站、一台由该大学自行研制的 WARP 并行计算阵列、一部 GPS（全球定位系统）信号接收器以及其他相关的硬件单元，成功地试验了真正意义上的自动驾驶汽车。他们给这辆车起了个名字叫 NavLab，大概取意自导航实验室。这辆自动驾驶汽车可以在公路上以 32 千米 / 小时的速度行驶，是真正意义上现代自动驾驶汽车的雏形。

NavLab 1　自动驾驶汽车

1989 年，卡内基・梅隆大学在自动驾驶系统中引进了神经网络技术，进行感知和控制单元的试验。大约在同一时期，奔驰、通用、博世、尼桑、丰田、奥迪等传统汽车行业的厂商也开始加大对自动驾驶系统的投入，陆续推出了不少原型车。

今天，谷歌的自动驾驶汽车已经在美国的数个州获得了合法上路测试的许可，也在实际路面上积累了上百万千米的行驶经验。电动汽车先驱特斯拉更是早在 2014 年下半年就开始在销售电动汽车的同时，向车主提供可选配的名为 Autopilot 的辅助驾驶软件。

在辅助驾驶的过程中，计算机依靠车载传感器实时获取的路面信息和预先通过机器学习得到的经验模型，自动调整车速，控制电机、制动系统以及转向系统，帮助车辆避开来自前方和侧方的碰撞，防止车辆滑出路面，成为了驾驶员的理想助手。其实，早在 20 世纪 20 年代，当时的主流汽车厂商就开始试验自动驾驶或辅助驾驶功能。

在中国，国防科技大学早在 1987 年就研制出了一辆自动驾驶汽车的原型车。虽然这辆车非常小，样子也与普通汽车相去甚远，但基本上具备了自动驾驶汽车的主要组成部分。2003 年，国防科技大学和一汽集团联合改装了一辆红旗轿车，在自动驾驶状态下最高速度可以达到 130 千米 / 小时，而且实现了自主超车功能。2011 年，改进后的自动驾驶红旗轿车完成了从长沙到武汉的公路测试，总里程为 286 千米，其中人工干预的里程只有 2240 米。此外，清华大学、中国科技大学等也各自开展了自动驾驶技术的早期研究。

被誉为谷歌自动驾驶汽车之父的塞巴斯蒂安·特龙在加入谷歌之前，就曾带领斯坦福大学的技术团队研发出了一辆名为 Stanley 的自动驾驶汽车，并参加了美国国防部高级研究计划局组织的自动驾驶挑战赛。塞巴斯蒂安·特龙主持研制的 Stanley 汽车赢得了 2005 年美国国防部高级研究计划局自动驾驶挑战赛的冠军。

Stanley 自动驾驶汽车使用了多种传感器组合，包括激光雷达、摄像机、GPS 以及惯性传感器。所有这些传感器收集的实时信息由超过 10 万行的软件代码进行解读、分析并完成决策。在障碍检测方面，Stanley 自动驾驶汽车已经使用了机器学习技术。塞巴斯蒂安·特龙带领的团队也将 Stanley 自动驾驶汽车在道路测试中不得不由人类驾驶员干预处理的所有紧急情况记录下来，交给机器学习程序反复分析，从中总结出可以复用的感知模型和决策模型，用不断迭代测试、不断改进算法模型的方式，让 Stanley 自动驾驶汽车越来越聪明。

Stanley 自动驾驶汽车

和人工智能一样，自动驾驶也是一个有歧义、经常被人用不同方式解读的概念。为了更好地区分不同层级的自动驾驶技术，国际自动机工程师学会（原译国际汽车工程师协会）于 2014 年发布了自动驾驶的六级分类体系。美国国家公路交通安全管理局原本有自己的一套分类体系，但在 2016 年 9 月开始使用国际自动机工程师学会的分类标准。今天绝大多数主流的自动驾驶研究者已将国际自动机工程师学会的分类标准当作通行的分类原则。

国际自动机工程师学会的分类标准将自动驾驶技术分为第 0 级到第 5 级共 6 个级别。在这个分类标准中，目前日常使用的大多数汽车处在第 0 级和第 1 级之间，碰撞报警属于第 0 级技术，自动防碰撞、定速巡航属于第 1 级辅助驾驶技术，自动泊车功能介于第 1 级和第 2 级之间，特斯拉公司正在销售的 Autopilot 辅助驾驶技术属于第 2 级。

按照国际自动机工程师学会的标准，第 2 级和第 3 级技术之间存在相当大的跨度。使用第 1 级和第 2 级辅助驾驶功能时，人类驾驶员必须时刻关注路况，并及时对各种复杂情况做出反应。但在国际自动机工程师学会定义的第 3 级技术标准中，监控路况的任务由自动驾驶系统来完成。这个差别是巨大的。技术人员也通常将第 2 级和第 3 级之间的分界线视作“辅助驾驶”和“自动驾驶”的区别所在。

当然，即便按照国际自动机工程师学会的标准实现了第 3 级的自动驾驶，根据这个级别的定义，人类驾驶员也必须随时待命，准备响应系统的请求，处理那些系统没有能力应对的特殊情况。使用这个级别的自动驾驶功能时，人类驾驶员是无法在汽车上看手机、上网或玩游戏的。

毫无疑问，自动驾驶将在不久的将来走进我们的生活。关于真正意义上的第 4 级和第 5 级自动驾驶技术什么时候可以普及，人们有各种各样的预测。百度希望到 2019 年时将有大量的自动驾驶汽车上路进行测试，2021 年自动驾驶汽车将进入大批量制造和商用化阶段。特斯拉公司的创始人埃隆 · 马斯克宣布，目前上市的特斯拉汽车已经在硬件标准上具备了实现国际自动机工程师学会第 5 级自动驾驶的能力。

特斯拉汽车

我们不妨想象一下，未来的某一天吃过早饭后，我们走出家门，全自动驾驶汽车正在门口等着我们。看到我们出来，它自动打开车门，我们一头钻进了车里。车里既没有驾驶室和司机，也没有方向盘、挡把和脚踏板。一个温柔的声音从车里问候我们："早上好！请问你们想去哪里？"我们说出了自己要去的地方后，这个温柔的声音又说："请系好安全带，我们就要出发了。今天路况良好，10 分钟后就可以到达。"话音刚落，就在我们系好安全带的一瞬间，车子自己就缓缓开动了。

车里的我们开口说："请让我们看看今天的新闻视频。"

我们眼前的车窗立刻变成了一块屏幕，新闻视频自动显示在了上面。

不一会儿，目的地到了，车门又自动打开。我们下车时，车里又响起了那个温柔的声音："祝你们愉快！我会再来接你们的。"

自动驾驶已经不再是科幻小说中的一个场景。我们这里所说的一切很可能就发生在不远的明天。我们不用考驾照，不用雇司机，直接告诉汽车我们要去哪里，汽车就自己载着我们前往，不用担心走错路，不用担心警察开罚单，我们还能在行车之时看书、打游戏、看电视剧甚至睡大觉，相信每个人都会为此兴奋不已。

8.4 做狗也疯狂

大狗是美国波士顿动力公司于 2005 年开发的一款四足机器狗。其实在开发之初，波士顿动力公司受美国国防部高级研究计划局的资助，想开发一种可以像骡子一样驮运物品、在战场上随士兵一起行动的机器人，因为具有轮子的车辆在崎岖复杂的地理条件下并不是十分理想的选择。用四足代替轮子，可以更加灵活地应对陡峭的山路、丛林和河床复杂的溪流。

大狗有 90 厘米长，75 厘米高，重达 110 千克，看上去不像一条大狗，倒真像一匹小骡子。它由小型汽油发动机驱动，可以驮运 150 千克物品，以 6.4 千米 / 小时的速度行进，攀爬 35 度的陡坡。它的四足上装有约 50 个感应器，具有立体视觉系统。在身上的一台计算机的控制下，它可以完成导航、平衡和运动控制。它的四足有模拟实际生物四肢的液压关节，所以它可以坐下、站立，像动物一样行走和奔跑，摔倒以后还能自己爬起来。

机器大狗

大狗问世后立刻引起了不小的轰动，《华尔街日报》等各大新闻媒体争相报道。人们对大狗栩栩如生的步态和行动自如的能力惊叹不已。

大狗的开发者叫马克·雷伯特。他早年在加州理工学院研究能跑会跳的机器人，后来跑到卡内基·梅隆大学和麻省理工学院做教授。1992 年，他创立了一家专门开发机器人的公司，这就是今天的波士顿动力公司。

有大学的优势，有军方的资助，大狗的开发一代一代地不断深入和加强。到了 2012 年，大狗已经可以在 24 小时内走完 32 千米的路程，而且无须加油；驮载重量也由初期的 150 千克提高到了 180 千克；视觉系统也得到了加强，并使用 LIDAR 感知地形。LIDAR 使用脉冲激光传感器测量物体之间的距离，是许多自动驾驶车辆导航系统的重要组成部分。机器人还使用路径规划算法来跟踪其起点与目的地之间的路线。

2013 年末，波士顿动力公司发布了一段视频。在这段视频中，最新一代的大狗不但有四足，而且还添加了一只手臂，可以拾起重达 23 千克的物体，并将其投掷出去，威力惊人。不过，在 2015 年末，大狗项目的军方资助停止了。因为大狗虽然一代比一代厉害，但它也有一个致命的缺陷，那就是由汽油发动

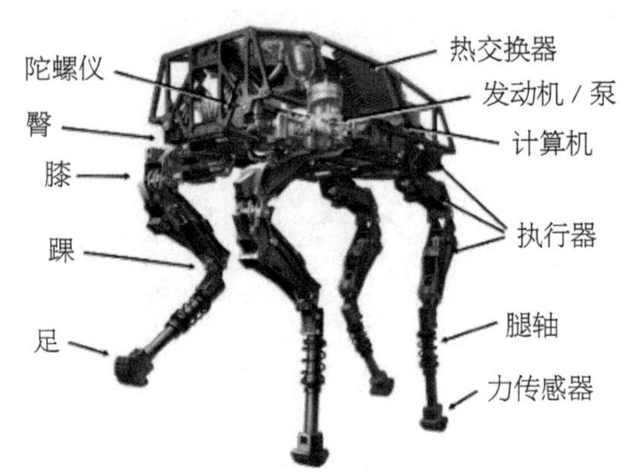

波士顿动力公司的大狗

大狗投掷空心砖

机驱动的大狗的噪声太大，不适合在战场上使用。虽然有用电动机驱动的替代版本，但毕竟功率不够，只能驮载 18 千克的物品，使用价值大打折扣。

不过，波士顿动力公司并没有因此停止自己的研发。在大狗技术的基础上，他们进一步开发了机器豹子、机器野猫以及双足机器人等产品。他们开发的双足机器人有着非常独特的蹲伏式走路方式。它们的膝关节弯曲，躯干尽可能保持不动，这并非人类的走路方式。采用这种蹲伏式走路方式，是因为腿部保持弯曲状态可以防止跌倒。专家们除了提高类人机器人的效率外，也试图让机器人像人一样走路，让它们变得更加灵活，能够应对更加复杂的地形，甚至未来在救援行动中发挥积极作用。

在网上可以看到这些机器人的不少视频，非常有趣。在最近的一段视频中，波士顿动力公司让他们的大狗排成两队，像狗拉雪橇一样拖动一辆集装箱式大货车。这些大狗的步调一致，齐心协力，憨态可掬。看着这些视频里的机器怪兽，不能不想起《三国演义》里诸葛亮发明的木牛流马，它们也许可以算得上这些机器大狗、机器野猫的祖先了。

世界上所有腿足机器人的研制都受到了波士顿动力公司的启发和影响。中国机器人专家王兴兴就是大狗的粉丝。他在天使投资的助力下，在杭州创办了自己的机器人公司宇树科技。他开发的第一个四足机器人叫太空狗，灵感来自俄罗斯的太空狗，寓意走向未知。王兴兴毕业于上海大学。在读硕士研究生期间，他开发出了一个可以移动的机器走兽，并立志要开发出比波士顿动力公司的产品更简单的小型化产品来满足人们的日常需要。

宇树科技公司自主研发了机器人的机械结构、控制系统和运动控制算法，还自行开发了定制电机、驱动器和力量感应器。他们的太空狗能在崎岖的路面上稳定行走，表现良好。对于他们开发的机器人控制算法，王兴兴曾自豪地说："太空狗的实际表现出乎意料地好，这是数学的伟大。"

2018年，宇树科技公司的太空狗受邀参加了在西班牙马德里召开的世界机器人大会。太空狗有幸和波士顿动力公司的大狗一起玩耍，吸引了世界同行的眼球。开发人员也有幸和机器人"大咖"马克·雷伯特进行了面对面的交流。

做"狗"虽"疯狂"，做"人"更"风流"。2008年北京奥运会中出现过福娃机器人，它能够感应到1米范围内的游客，与人对话、摄影留念、唱歌舞蹈，还能回答与奥运会相关的问题。福娃机器人集成了先进的自动控制技术和语音技术，不仅可以用动作和表情表达自己的状态，还能用汉语、英语等语言进行简单的人机对话。"我是奥运福娃欢欢，我最喜欢红色……"它的声音充满童真。当你问"你叫什么名字"时，它会说"我叫欢欢"；如果你问"北京奥运会是在哪一天开幕的"，它则回答"2008年8月8日"。

今天我们可以看到各种各样的机器动物、机器人，它们生动活泼，功能各异，为我们的生活和工作带来了越来越多的帮助和乐趣。

宇树科技公司的太空狗

8.5 硅谷奇人“钢铁侠”

在美国硅谷的旧金山湾区，有一个被誉为当今“钢铁侠”的科技风云人物，他就是特斯拉电动汽车的发明人、大名鼎鼎的埃隆·马斯克。如果你以为他只发明了特斯拉电动汽车，那么你就太不了解他了。他的发明上至太空，下至水底，高铁对于他来说已经是太传统和老旧的东西了。对于人工智能，他的思考更加超前。

2008 年，美国大片《钢铁侠》风靡全球。片中主角托尼·史塔克身着高科技铁甲，上天入地，保卫地球。协助史塔克的智能机器人贾维斯也超级聪明能干，和美丽的女助理“小辣椒”一起成为史塔克的左膀右臂。据创作《钢铁侠》漫画的斯坦·李介绍，“钢铁侠”的原型人物是 20 世纪美国著名企业家霍华德·休斯。曾经在好莱坞电影《飞行家》中出演休斯的著名影星迪卡普里奥这么评价过他：“霍华德·休斯的一生是我所看到的最跌宕起伏、离奇诡异的。他什么都经历过了，与疾病斗争，受强迫症困扰，成为飞行冠军，成为美国首位亿万富翁，转向好莱坞，成为与电影体制对着干的制片人，与大财团和垄断者抗争，甚至与参议员反目。他从来不能和一个女人天长地久，因为他总是不自觉地把面前的女人看成他的飞机，他始终希望能有飞得更快、更平滑的飞机，还要有更大的涡轮。”今天的马斯克也是这样一位富有、充满传奇色彩和饱受争议的天才人物。

马斯克，1971 年出生于南非。10 岁时，他就开始自学编程。12 岁时，他成功设计出一款游戏，并以 500 美元的价格卖出，展现了他在科技和商业方面的才华。1995 年，马斯克毕业于美国宾夕法尼亚大学，拿到物理学和经济学的双学位，然后进入斯坦福大学攻读应用物理学博士学位。但是没过多久，他便痴迷于硅谷的创业氛围，不想把时间和精力浪费在死板的学业上，于是申请退学，走上创业之路。

马斯克创业的第一步是和他的弟弟金博尔·马斯克合伙创立了一个帮助企

业发布商品信息和地图位置的公司，后来以 3 亿美元卖给了康柏公司，淘到了他的第一桶金。接着他投资创立了电子支付公司，不久与彼得·蒂尔等人创立的公司合并，成为后来大名鼎鼎的 PayPal 公司。2002 年，eBay 以 15 亿美元收购了 PayPal，马斯克分到 1.8 亿美元。有钱更疯狂，他开始更加大胆地把他改变世界的梦想付诸实践。从移民火星到清洁能源，从自动驾驶电动汽车到管道极速电磁列车，他的梦想一个比一个更令人瞠目结舌。

2002 年 6 月，为了帮助人类实现移民火星的梦想，马斯克成立了他的第三家公司 SpaceX，并亲自出任首席执行官和技术总监。经过多次失败之后，SpaceX 公司终于成功地发射了可以重复使用的“猎鹰 9 号”火箭和航天飞机“龙飞船”，还把他的特斯拉汽车送上了太空，让特斯拉遨游宇宙，俯瞰天下。火箭的重复使用极大地降低了航天事业的成本。

2004 年，马斯克投资了专注于研制纯电动汽车的特斯拉公司。在马斯克的领导下，特斯拉公司建设了号称全球最智能的全自动化生产工厂。在工厂的冲压生产线、车身中心、烤漆中心与组装中心这四大制造环节中总共有 150 多台机器人参与工作。在这些车间中，机器人可以互相无缝衔接，配合工作，以至于车间里很少能看到工人。2016 年 11 月，特斯拉公司宣布收购德国自动化生产公司，计划进一步提升生产线的自动化水平。2017 年 4 月，特斯拉公司的市值达到 500 亿美元，一度超过了百年老店通用汽车和福特汽车。

特斯拉汽车不但可以实现全电动驾驶，而且它的车载自动驾驶辅助系统是目前所有汽车里最先进的人工智能自动驾驶系统。虽然时有事故发生而招来异议，但连谷歌和苹果公司的自动驾驶研究人员也不得不承认特斯拉公司在自动驾驶技术实践上的领先优势和取得的成功。马斯克更是“口出狂言”，他说，两年之内，特斯拉全自动驾驶电动车将取代目前的出租车。特斯拉大型货车也已经开始投产。

对于人工智能，马斯克一方面把它具体应用在自己的发明创造中，另一方面又深深地为这样的技术发展可能给人类造成的威胁而担忧。马斯克曾公开表示：“如果让我猜对人类生存最大的威胁，我认为可能是人工智能。因此，我们需要对人工智能保持万分警惕，研究人工智能如同在召唤恶魔。”为了有效地把握人工智能这把双刃剑，他积极投资人工智能的相关研究。

2015 年，马斯克联合了著名投资人彼得·蒂尔和其他一些硅谷大亨，共同投资 10 亿美元创建了人工智能非营利组织 OpenAI。OpenAI 大量招募人工智能领域的优秀人才，研究目标包括制造“通用”机器人和使用自然语言的聊天机器人。OpenAI 把人工智能领域的研究成果开放地分享给全世界。因为马斯克认为，只有让人工智能技术普及到所有人都可以用的程度，才能有效地减轻超级智能可能会带来的威胁。

马斯克在 2016 年又神秘地投资成立了另一家名叫 Neuralink 的公司。目前，没有人真正知道这家公司在开发什么具体的产品和研究哪一方面的技术，但据媒体的猜测，Neuralink 公司正致力于一种被称为“神经蕾丝”的技术的开发，该技术将能把微小的脑部电极植入人体，并希望有朝一日能够实现对人类思维的上传和下载。这听起来和电影《阿凡达》中男主人公直接通过“神经链接”驾驭巨型飞鸟翱翔天际的科幻情景非常相像。马斯克在一次会议上曾经提到：“设想人工智能的进步速度，很显然人类将会被甩在后面。唯一的解决方案就是建立一种‘直接皮质界面’，在人类大脑中植入芯片。你可以将其理解为植入人类大脑内部的人工智能，通过这种方式来大幅度提升人类大脑的功能。”马斯克不否认 Neuralink 公司承载了他希望通过植入人脑芯片实现人类与计算机“共生”的梦想。

钢铁奇侠马斯克的神奇故事还远没有结束，具有奇思妙想而又勇于实践的他在未来会有更多的精彩呈现给大家。让我们拭目以待吧。

第 9 章　数据，数据，还是数据

9.1　什么是数据

数据，在英文中叫 Data。这个词最早出现在 17 世纪 40 年代。安德鲁斯·奥宗是法国 17 世纪著名的天文学家，他用自己发明的天文望远镜发现了彗星，后来他移居意大利的罗马，打算建造一个 300 米长的光学天文望远镜，用来观察月球上的动物。为了向英国和法国的皇家学会展示他的天文望远镜的技术细节和他对星体运动轨迹的观察，他发明了用表格来记录和表示数据的方法，促成了早期“数据”一词及其概念的产生和形成。

1880 年，美国工业革命的爆发促使了第一次人口普查的开展，人口状况变成了数据，极大地促进了美国经济的发展。然而由于当时计算机还没有出现，人口数据的统计和分析工作完全由手工完成，这让美国花费了 7 年时间才最终形成了人口普查报告。为了缩短时间，1890 年赫尔曼·霍利里斯（又译何乐礼）发明了一种列表机。这种机器可以系统地处理记录在一种打孔卡片上的数据。由于他的发明，1890 年的人口普查只花了 18 个月就完成了。他发明的这种打孔卡片也成为了后来发明的计算机输入数据的一种方式。

(56)

the *Reader*, that he hath found, that the *Apertures*, which *Optick-Glasses* can bear with distinctness, are in about a *subduplicate proportion* to their *Lengths*; whereof he tells us he intends to give the reason and demonstration in his *Diopticks*, which he is now writing, and intends to finish, as soon as his Health will permit. In the mean time, he presents the *Reader* with a *Table* of such *Apertures*; which is here exhibited to the Consideration of the Ingenious, there being of this *French* Book but one Copy, that is known, in *England*.

A *TABLE* of the *Apertures* of *Object-Glasses*.

The Points put to some of these Numbers denote Fractions.

Lengths of Glasses.		For excellent ones.		For good ones.		For ordinary ones.		Lengths of Glasses.	For excellent ones.		For good ones.		For ordinary ones.	
Feet,	Inches.	Inch.	Lines.	Inch.	Lines.	Inch.	Lines.	Feet, Inches.	Inch.	Lines.	Inch.	Lines.	Inch.	Lines.
	4		4.		4		3	25	3	4	2	10	2	4.
	6		5.		5		4	30	3	8	3	2	2	7
	9		7		6		5	35	4	0	3	4.	2	10
1	0		8.		7		6	40	4	3	3	7	3	.
1	6		9		8.		7	45	4	6	3	10	3	2.
2	0		11		10		8	50	4	9	4	0	3	4.
2	6	1	0		11		9	55	5	0	4	3	3	6.
3	0	1	1	1	0		10	60	5	2	4	6	3	8.
3	6	1	2.	1	1		11	65	5	4	4	8	3	10
4	0	1	4	1	2	1	0	70	5	7	4	10	4	.
4	6	1	5	1	3	1	.	75	5	9	5	0	4	2.
5	0	1	6	1	4	1	1.	80	5	11	5	2	4	5
6		1	7.	1	5	1	2	90	6	4	5	6	4	7.
7		1	9	1	6	1	3	100	6	8	5	9	4	10
8		1	10	1	8	1	4	120	7	5	6	5	5	3
9		1	11.	1	9	1	5	150	8	0	7	0	5	11
10		2	1	1	10	1	6	200	9	6	8	0	6	9
12		2	4	2	0	1	8	250	10	6	9	2	7	8.
14		2	6	2	2	1	9.	300	11	6	10	0	8	5
16		2	8	2	4	1	11.	350	12	6.	10	9	9	0
18		2	10	2	6	2	1	400	13	4	11	6	9	8
20		3	0	2	7	2	2.							

安德鲁斯·奥宗的数据表

机器计算设备根据它们表示数据的方式而有不同的划分。模拟计算机用电压、位置和距离等物理量来表示数据，数字计算机则通过对数据进行数字编码来表示数据。根据编码方法的不同，又可以有不同的表示方法。而革命性的突破是莱布尼茨二进制的发明，它不但简单，而且让数字编码、逻辑系统和电子信号脉冲的物理形式有机地联系起来，使电子计算机的发明成为可能。

二进制数据是用 0 和 1 两个数码来表示的数。它的基数为 2，进位规则是“逢二进一”，借位规则是“借一当二”。数据在计算机中主要是以补码的形式进行存储的。计算机中的二进制是一个非常微小的开关，用“开”来表示 1，

“关”来表示0。因为它只使用0和1两个数字符号，非常简便，易于用电子方式实现。电子数字计算机用于识别和处理由0和1符号串组成的代码，其运算模式就是二进制。

二进制加法运算

ASCII码就是一种被普遍采用的英文字符信息编码方案，它用8位二进制数表示各种字母和符号。例如，用01000001表示A，01000010表示B。1980年，中国为6763个常用汉字制定了编码，称为《信息交换用汉字编码字符集　基本集》，标准号为GB 2312—1980，每个汉字占16位。计算机的一个存储单元（即一个字节）里存放的究竟是英文还是汉字，它们都由程序进行识别。例如，表示英文字符的8位二进制编码的最高位是0，而表示汉字的两个8位二进制编码的最高位是1，这样程序就能区别存储单元里存放的是英文还是汉字。

随着电子计算机的发明，用只有0和1的二进制来表示任何数据成为现实。1946年，“数据”一词被用来描述可以传输和存储的计算机信息。1947年，约翰·图基把用0和1在计算机里表示数据的单位命名为“位”（bit）。二进制编码是计算机内部用来表示信息的一种手段，人们平常和计算机打交道时，根本不用理会它。我们仍然用人们习惯的方式输入或者输出信息，其中的转换都是由计算机自动完成的。人工智能大师香农在他于1948年发表的论文《通信的数学理论》中正式使用“数据”一词，而“数据处理”一词的首次使用是在1954年。1977年，图基在他出版的《探索性数据分析》中，强调了数据和数据处理的重要性。

计算机是处理信息的机器，信息处理的前提是信息的表示。计算机内信息的表示形式是二进制数字编码。也就是说，各种类型的信息，无论是数值、文字还是声音、图像都必须转换成数字（即二进制编码的形式），才能在计算机中进行处理。移动一下鼠标，按一下键盘，你的每一个动作最后到了计算机里

图基的文章《探索性数据分析》

也都变成了0和1，只用这两个数字就能弄出这么完美的东西来，这就是智慧的结晶。即使功能再强大的计算机系统（在软件和系统的层层叠加下，我们根本就不了解计算机内部的数据）也只是0和1两个状态的组合而已。

数据和信息（或知识）常常被人们混用，但其实它们的含义并不相同。数据只有在被分析后或在具体的内容下才成为信息。数据的概念通常和科学研究联系在一起，它是一个可以包罗万象的收集内容的集合。数据具有可收集、可衡量与分析、可报告等特点，同时数据还可以用图表等可视化工具表示出来。原始数据是被收集来之后没有进行过整理的数据，可能是杂乱无章甚至含有错误的数据。这样的数据需要进行不同的整理之后才能加以利用。整理以后的数据叫已处理数据。今天，数据已经完全数字化，并大规模地通过计算机进行处理和存储。数据正在像18世纪的石油对于经济发展的重要性一样，成为主宰和决定今天数字经济发展的“新能源”。

1974年，丹麦计算机科学家彼得·诺尔在瑞典和美国出版了他的名作《计算机方法的简明调查》。这本书是对现代数据处理方法的一个全面总结，对现代数据和数据处理的概念做了进一步的总结。他说：“数据是一种用来交流和可被一些程序处理的对事实或看法的形式化表示。”他还在书中正式提出了“数据科学”的概念。他把数据科学定义为“一门关于表达特定领域里的数据的学问”。1977年，国际统计计算学会正式成立，把传统的统计方法、现代计算机技术和专业领域的知识结合起来，以达到把数据转换为信息和知识的目的。

真正的数据和数据处理的转折点出现在20世纪80年代，关系数据库的发明和数据库存取检索语言的出现让数据的深入和广泛应用成为可能。各行各业都把自己的数据装进计算机系统，凭借数据库来存储、管理、分析和处理数据，各种各样的建立在数据库基础上的应用也应运而生，极大地促进了科学研究、金融贸易、生产管理和经济生活的发展。数据不再是孤立、零散和让人费时费力的东西，而在集中、便捷和快速的处理下，向人们展现出前所未有的价值和曾经深藏不露的魅力。

9.2 互联网的诞生

数据通信的概念远早于计算机的发明，它让数据通过像无线电或通信电缆这样的电磁介质在两个不同的地方相互传输。电报、传真都是这样的早期通信系统，它们的特点是只能在两台设备间进行点对点的数据传输。香农是通信理论的开创人，建立了以通信理论为基础的信息论。

早期的计算机系统是一个中央处理系统，它通过外挂的终端设备输入和输出信息。虽然这种点对点的通信方式可以让两台远程设备连接起来，但并不能让任意两台设备自由通信，并且在两台设备间必须有一条固定的物理连线，所以还称不上互联网络。

1960 年 1 月，一个叫李克里德的美国心理学家和计算机科学家发表了一篇关于全球网络的论文，提出了让在不同地方的不同计算机通过网络连接起来传输信息的设想。1962 年 8 月，他和另外一名科学家再次共同发表论文，把这一设想具体化。同年 10 月，美国国防部高级研究计划局雇用了李克里德，让他把国防部位于不同地方的大型计算机系统连接起来。他开始正式领导一个研究小组，进行分布式网络技术的研究工作，并在位于加州圣莫尼卡的系统开发公司、加州大学伯克利分校和麻省理工学院分别安装了一台互相联通的网络终端。这成为了互联网最早的雏形。

如何把不同的物理网络连接成一个逻辑网络是网络通信的首要问题。早期网络使用的信息交换系统存在一个节点故障导致整个信息传输失败的问题。英国国家物理实验室的计算机科学家唐纳德·戴维斯提出了一种被称为包交换的网络通信方法。他把要传输的信息分成一个一个片段分别进行传输，这大大提高了传输的灵活性和效率。美国工程师斯拉里·罗伯茨利用唐纳德·戴维斯的包交换方法，开发了第一个成功实现的互联网——ARPANET。

1969 年 10 月 29 日 22 点 30 分，ARPANET 成功地把坐落在洛杉矶的加州大学洛杉矶分校和位于旧金山湾区的斯坦福研究院联通。计算机教授李奥纳多从加州大学洛杉矶分校向斯坦福研究院发送了第一条信息。

他一边在他的终端上输入“Lee”（李）一边通过电话问对方：“你看到我输入的‘Lee’了吗？”

对方在电话里答道：“看到了，我们看到了。”

李奥纳多又兴奋地输入一个“O”，然后通过电话问：“你看到我输入的‘O’了吗？”

对方答道：“看到，我们看到‘O’了。”

李奥纳多继续输入“G”，可这时系统垮掉了。但不管怎么说，他们成功了！

到 1969 年末，他们把网络扩充至包括犹他大学和加州大学圣塔芭芭拉分校在内的 4 个地点，ARPANET 迅速发展着。1981 年，它已经是一个包括 213 个节点的网络系统，并以每 20 天就增加一个新节点的速度发展着。ARPANET 成为了后来互联网的技术核心和实践先驱。

互联网诞生 35 周年纪念邮票

1983 年 1 月 1 日是 ARPANET 的一个转折点。它采用了更加灵活和强大的分组交换协议——TCP/IP。这标志着现代互联网通信技术的真正开始，这一核心技术一直沿用至今。

TCP/IP 是传输控制协议和互联网通信协议的英文缩写。它的发明人是美国电信工程师罗伯特·卡恩。为了开发这个协议，他招募了当时在斯坦福大学工作的文顿·瑟夫。两人合作从 1974 年推出第一个版本到 1978 年最终定型，前后花费了 5 年时间。他们的努力为今天的互联网奠定了技术基础。

就在美国忙于把各个大学和政府部门的计算机连接起来的时候，一个在瑞士工作的英国计算机科学家蒂姆·伯纳斯－李研究发明了基于超文本链接的万维网。这是一种通过不同的标识符号定义和规范网络文件的内容和格式的计算机语言。它让在网络上传输的不同文件有了共同的格式和标准。一场全球信息革命就这样在 20 世纪 90 年代爆发了，并且一发不可收拾，深刻地改变了世界政治、经济、文化和生活的方方面面，更为人工智能的大飞跃悄然无声地提供了史无前例的条件和基础。

搜索引擎、图像音乐文件共享和视频下载……围绕着互联网的蓬勃发展，各种以网络为核心的应用如雨后春笋般涌现，催生了诸如雅虎、谷歌、百度和阿里巴巴这样的互联网公司。苹果公司率先推出了智能手机，让互联网从有线网络变成无线网络，让互联网的应用范围有了无限的发展空间，让网络走进每一个人的生活。互联网不仅把世界各地联系在了一起，也把各行各业联系在了一起。这引发了人类发展史上的第三次浪潮——信息革命。网络信息呈爆炸式增长，人工智能的突破性发展正是建立在海量数据的基础之上的。可以说，没有互联网的诞生，就没有人工智能技术的起死回生。

人工智能技术中的神经网络、机器学习等都离不开互联网上的海量数据，人工智能应用中的自动驾驶、机器人等离开了网络都寸步难行。今天，我们打车要上网，订餐要上网，读书要上网，购物要上网，订票也要上网。网络电影电视、网络新闻评论、网络游戏交友、网络视频聊天、网络教学授课……让人眼花缭乱，数不胜数。网络让世界呈现在人们手指的点击之下，地球另一边发生的事情，我们瞬间就可以知道了。

互联网彻底改变了人类文明的发展历史，创造了一个前所未有的全新时代。

9.3 云计算

互联网的诞生催生了云计算，这是为什么呢？云计算又是什么呢？我们还要从 20 世纪 60 年代说起。

20 世纪 60 年代，计算机分时系统的概念开始形成。那时候还没有小型和微型计算机，只有像 IBM 这样的计算机公司制造的大型和超大型计算机。为了使这种集中配置的大型计算资源和能力被更多的部门和人员共同使用，把计算机资源按时段分配给不同的用户，让大家共同分享，成为了一种新的计算模式。这就是分时系统的概念。

那个时候，计算机都位于被称为计算中心的专门机构里面，由专门的技术人员管理。谁要使用计算机都需要到计算中心提交使用申请，获得机时后，把自己的程序交给操作员，通过他们来实现程序在计算机上的运行。运算结果出来以后，操作员再将其交给你。

这种集中式的计算模式不仅成本高，而且非常不方便。只有大型企业和政府高级部门才有能力建立、维护和使用这样的计算中心。于是，一些公司开始研究开发适合中小企业和地方部门使用的中小型计算机，美国的太阳微系统公司、数字设备公司等一大批公司研发的中小型计算机应运而生。IBM 公司也与时俱进，开发出了面向个人用户的微型计算机。一时之间，计算机涌入各个办公室和寻常百姓家。

可这里又有了一个问题。众多的计算机和计算机系统都分散在千家万户之中，“各自为政”，一方面形不成规模，另一方面又造成不同程度的资源浪费。进入 20 世纪 90 年代，通信公司开始提供网络连接服务，将不同地方和不同部门的计算机系统连接起来形成一个网络。互联网和互联网技术诞生了。

由通信网络连接起来的计算机系统看上去就像一朵云彩，云计算的概念处于萌芽之中。科学家和技术人员开始思考为什么不把网络上的各种资源整合起来共享给所有用户使用呢？于是，1983 年太阳微系统公司提出了“网络就是计算机”的概念。

1996 年，美国康柏公司在内部文件中首次使用了“云计算”这个词汇。他们意识到，互联网正在把传统意义上的通信平台转化为广泛存在的智能化的计算平台。与计算机系统这样的传统计算平台比较，互联网上需要形成类似于传统计算机的公共服务环境，以支持互联网资源的有效管理和综合利用。在传统计算机中已成熟的操作系统技术已不再适用于互联网环境。互联网上分散、独立、自主控制、自治对等和冗余的资源，应该通过整合，形成互联网资源和互联网应用的一体化服务环境，提供面向互联网计算的虚拟计算环境，使用户能够方便、有效地共享和利用开放网络上的各种资源。

云计算

2006 年 8 月，亚马逊公司率先推出弹性运算云端服务。紧接着在 2007 年 10 月，谷歌和 IBM 公司开始在美国大学里推广云端运算计划，可以降低分散式计算方式在学术研究方面的成本，并为这些大学提供相关的软硬件设备及技术支援，提供多达 1600 个处理器，支援不同开源代码的平台，让学生可以通过网络开展各项以大规模运算为基础的研究。

2008 年 7 月 29 日，雅虎、惠普和英特尔公司宣布了一项涵盖美国、德国和新加坡的联合研究计划，推出一个集 6 个数据中心为一体的云计算研究测试平台，每个数据中心配置有 1400 ~ 4000 个处理器。这些合作伙伴包括新加坡资讯通信发展管理局、德国卡尔斯鲁厄理工学院计算中心、美国伊利诺伊大学香槟分校、英特尔研究院、惠普实验室和雅虎。

美国戴尔公司在 2008 年 8 月向美国专利商标局申请“云计算”商标，此举旨在加强对这一未来可能重塑技术架构的术语的控制权。戴尔公司在申请文件中称，云计算是“在数据中心和巨型规模的计算环境中，为他人提供计算机硬件定制制造”。云计算正式进入了人们的视野。一场波澜壮阔的云计算革命在互联网的基础上轰轰烈烈地开始了。

云计算让分散在千家万户的计算机资源和应用又回到了大规模集中式的计算模式上。但和 20 世纪 60 年代传统的大规模集中式计算方法不同的是，云计算不是孤立于计算中心的独立系统，而是基于互联网的相关服务的增加、使用和交互模式，它通过互联网来提供动态的、易于扩展的和虚拟化的资源。云是网络、互联网的一种比喻式说法。云计算可以让你体验每秒 10 万亿次的运算能力，拥有这么强大的计算能力后，可以模拟核爆炸、预测气候变化和市场发展趋势。用户通过计算机和手机等方式接入数据中心，按自己的需求进行运算，足不出户就坐拥天下资源。

人们关于云计算的定义一直众说纷纭。对于到底什么是云计算，至少可以找到上百种解释。按美国国家标准与技术研究院的定义，云计算是一种按使用量付费的模式，这种模式提供可用的、便捷的、按需的网络访问，进入可配置的计算资源共享池（资源包括网络、服务器、存储设备、应用软件及服务），无须投入太多的管理工作，或只需与服务提供商进行很少的交互，就能够快速获得这些资源。用通俗的话说，云计算就是通过网络上的大量计算资源进行计算。有了云计算，用户完全可以通过自己的个人计算机给提供云计算的服务提供商发送指令，通过服务提供商提供的大量服务器进行像“核爆炸”这样的计算，计算结果将会返回到用户自己的个人计算机上。

云在手

美国国家标准与技术研究院还定义了云端运算的 3 种服务模式。第一种叫软件即服务，就是消费者使用应用程序，但并不掌控作业系统、硬件或运作的网络基础架构。软件服务提供商以租赁方式向客户提供服务，而非购买。

第二种叫平台即服务。消费者使用主机操作应用程序。消费者掌控运作应用程序的环境，也拥有主机的部分掌控权，但并不掌控作业系统、硬件或运作的网络基础架构。平台通常是应用程序基础架构。

第三种叫基础设施即服务。消费者使用“基础运算资源”，如处理能力、储存空间、网络元件或中介软件。消费者能掌控作业系统、储存空间、已部署的应用程序及网络元件（如防火墙、负载平衡器等），但并不掌控云端基础架构。

截至 2009 年，大部分的云计算服务是通过数据中心提供的可信赖的服务和建立在服务器上的不同层次的虚拟化技术提供的。人们可以在任何提供网络基础设施的地方使用这些服务。

有了云计算，人们可以通过网络将庞大的运算处理程序自动分拆成无数个较小的子程序，再由多部伺服器所组成的庞大系统进行搜索、运算、分析，然后将处理结果回传给使用者。通过云端，远程的服务提供商可以在数秒之内处理数以千万计甚至亿计的资讯，达到和超级计算机同样强大的效能；可以进行像 DNA 结构分析、基因图谱测序、癌细胞解析这样复杂的需要大量计算的工作。

人工智能在今天的飞速发展既离不开互联网，也离不开云计算。我们前面讲过 ImageNet 国际大赛，如果没有互联网，项目组就不可能下载接近 10 亿张图片；如果没有像亚马逊网站的土耳其机器人这样的众包平台来标记这些图片，就不可能有来自世界上 167 个国家的近 5 万名工作者协同合作，帮助项目组筛选、排序、标记这近 10 亿张照片。当然，神经网络的一代宗师辛顿教授也只能望洋兴叹，束手无策。

9.4 百科全书与谷歌大脑

1978 年，日本通产省决定研发当时世界上尚无人研发的第五代计算机，这是日本从制造大国向经济科技强国转型的计划的一部分。电子计算机的发展经历了第一代的电子管计算机、第二代的晶体管计算机、第三代的集成电路计算机和第四代的超大规模集成电路计算机等几个阶段。日本的第五代计算机研究计划在国际上引起了一场计算机研制赶超狂潮。

美国政府决定联合多家高科技公司在得克萨斯大学建立微电子和计算机技术公司，与日本抗衡。费根鲍姆提议，建立美国国家知识技术中心，为人类有史以来的知识建立数据库。他的学生莱纳特受到了推荐，来到了该公司。

当时，这个具有数学和物理学背景以及人工智能博士学位的年轻人已经是人工智能领域里的一颗新星。早在斯坦福大学读博士期间，他就深得费根鲍姆、明斯基等大师的指导。写博士论文时，他利用启发式推理算法，开发了一款叫作 AM 的程序。AM 的含义是“全自动数学家”。这款程序可以基于 300 多个数学概念，通过 200 多种启发式规则，提出各种数学方面的命题，然后进行各种计算和推理，从而判定命题的真伪。这个程序思考问题的方式非常类似于人类的数学家。

莱纳特

来到得克萨斯大学的莱纳特早已胸有成竹，他要建立一个百科全书式的知识库。他把这个项目命名为 Cyc，取自百科全书英文单词中间的 3 个字母。这就是最早的知识图谱。莱纳特坚定地支持他的老师费根鲍姆提出的知识原则：一个系统之所以能展示高级的智能逻辑和行为，主要是因为在所从事的领域所表示出来的特定知识，其中包括概念、事实、表示、方法、比喻和启发。他认为：“智能就是一千万条规则。”

知识图谱从应用的角度看就是一个问答系统。这个问答系统可分成 3 个部分，第一个部分是问题理解，第二个部分是知识查询，第三个部分是答案生成。这 3 个部分相辅相成，第一个和第三个部分是自然语言处理工作，它们通过知识图谱有机地整合在一起，知识图谱是核心。当知识图谱足够大的时候，它回答问题的能力会十分惊人。

Cyc 项目试图将人类所有的常识都输入一个计算机系统中，建立一个巨型数据库，并在此基础上实现知识推理。Cyc 知识库中包括“每棵树都是植物”

和“植物最终都会死亡”这样的常识。当有人提出“树是否会死亡”的问题时，推理引擎就可以正确地回答该问题。Cyc 知识库的规模宏大，2016 年它已经包括 63 万多个概念，关于这些概念的“常识”达到 700 万条以上。为了实现这个“大百科全书”系统，莱纳特带领了几十个研究助手，对从文学到音乐、从餐饮到体育的各种日常生活的细节进行知识编码，还开发了称为 Cyc L 的专用编程语言。对各种领域的差异，莱纳特定义了一个名为“微型理论”的概念来进行管理。每个“微型理论”是一些“概念”和“常识”的集合，对应于人类社会中的各种细分行业或领域。这样，一些行业的“行话”或特殊的比喻就可以在一定的“情境”中被定义为“规则”，便于理解。

今天的维基百科实际上就是一个知识图谱，它可以回答各式各样的问题。2011 年，IBM 公司开发了一个可以用自然语言和人交流的问答系统——沃森，并让它参加美国的电视智力竞赛节目《危险边缘》，战胜了当时的参赛者肯·詹宁斯和布拉德·鲁特，赢得了 100 万美元的奖金。《危险边缘》对于计算系统来说是一个巨大的挑战，因为它涉及的学科众多，涵盖了历史、文学、政治、艺术、娱乐和科学等广泛的主题，选手们要在很短的时间内提供正确答案。

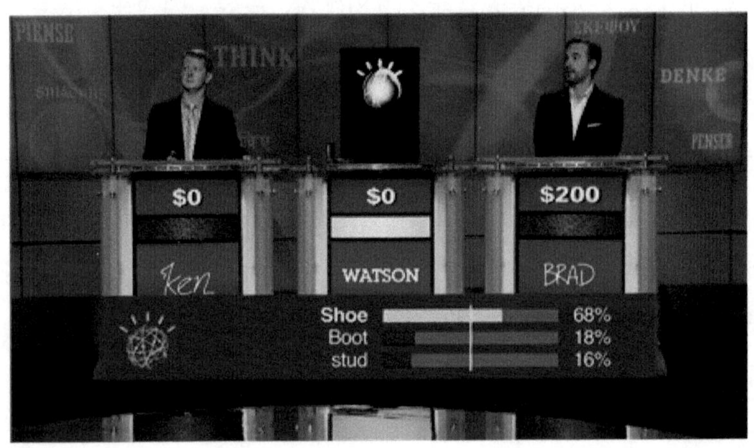

美国电视智力竞赛节目《危险边缘》

更困难的是，主持人提出的问题中包含反语、双关语、谜语和一些意思深奥微妙的表达方式，让计算机领会这些表达方式相当困难。沃森能够应付这类“狡猾”的试题，主要依靠它对自然语言的理解和高速计算。

当沃森被问到某个问题的时候，100 多种运算法则会通过不同的方式对问题进行分析，并给出很多可能的答案，而这些分析都是同时进行的。在得出这些答案之后，另一组算法会对这些答案进行分析并给出得分。对于每个答案，沃森都会找出支持以及反对这个答案的证据。因此，数百个答案中的每一个都会再次引出数百条证据，同时由数百套算法对这些证据支持答案的程度进行打分。证据评估的结果越好，沃森的信心值也就越高，而评估成绩最好的答案最终会成为计算机给出的答案。但在比赛中，如果连评估成绩最好的答案都无法得到足够高的信心值，沃森就会决定不抢答这个问题，以免因为答错而输掉奖金。所有这些计算、选择与决策最多只需要 3 秒就可以完成。

沃森的名字用于纪念 IBM 公司的创始人托马斯・沃森先生，它是 IBM 公司 25 个科研工作者过去 4 年的研究成果。沃森评估了大约 2 亿页的内容（相当于 100 万册书籍）。在回答问题的时候，沃森是完全自主的，也就是说不需要和网络连接。沃森可以理解自然语言的提问，分析数以百万计的信息碎片，并且根据它寻找到的证据提供最佳答案。沃森的胜利标志着人工智能专家系统和知识图谱到达了很高的水平，是对人类智能的一个挑战。

2012 年 5 月，谷歌首次在它的搜索页面中引入知识图谱。用户通过谷歌搜索引擎，可以看到与查询的关键词有关的更加完整的答案。比如，当你输入“达・芬奇”这个关键词时，谷歌搜索引擎会在查询结果的最上方提供达・芬奇的详细信息（如个人简介、出生地点、父母姓名），展示达・芬奇的一些名画的图片（如《蒙娜丽莎》《最后的晚餐》《岩间圣母》等），甚至列出一些与达・芬奇有关的历史人物（如文艺复兴时期的主要画家米开朗基罗、拉斐尔、波提切利等）。如果单击《蒙娜丽莎》或者拉斐尔的链接，就可以看到关于这幅名画或者拉斐尔的详细信息。用户顺着知识图谱，就可以看到关于达・芬奇

谷歌知识图谱

的各种有趣的信息，也可以顺藤摸瓜，欣赏文艺复兴时期其他艺术家的杰作。在本书的编写过程中，作者就是通过谷歌的知识图谱来获取所需的各种资料和数据的。

谷歌副总裁阿米特·辛格尔博士在他的文章《知识图谱介绍：实体，而不是字符串》中说明了什么是知识图谱。他说，用户输入的关键词的本质含义是真实世界的实体，而非抽象的字符串。知识图谱实际上就是由实体相互连接而形成的语义网络。例如，在知识图谱中，达·芬奇和《蒙娜丽莎》都是实体，《蒙娜丽莎》是达·芬奇的作品，因此这两个实体之间形成了画家和作品之间的连接。

2012 年，谷歌知识图谱包含 5 亿多个实体，关于实体的事实和实体关系的信息有 35 亿多条。2014 年，利用人工智能技术，谷歌又开发了名为 Knowledge Vault 的知识库，它可以通过算法自动搜集网上的信息，利用机器学习技术把网上的信息自动变成可用知识。利用知识图谱技术，谷歌大大提升了客户的搜索体验，同时，知识图谱的庞大知识库为其他人工智能技术的整合（比如实现准确的语音识别和机器翻译等）提供了广泛和强大的基础。

2011 年，谷歌和斯坦福大学联合成立了一个叫谷歌 X 的实验室，目的是研究开发出一款模拟人脑功能的软件，这个软件具备自学功能。谷歌的资深专家杰夫·迪恩、研究员格雷·科拉多与斯坦福大学知名人工智能专家吴恩达教授是这个实验室最初的 3 名成员。其中，美籍华人吴恩达教授从 2006 年就开始尝试用深度学习技术来解决人工智能领域的问题，这促使他在 2011 年与迪恩和科拉多联手创立了大型深度学习软件平台 DistBelief。这是一个架构在谷歌云计算平台上的服务。谷歌 X 实验室的科学家们通过将 1.6 万台计算机的处理器相连，建造出了世界上最大的一种大型中枢网络系统。它能自主学习，被称为谷歌大脑。谷歌大脑研发团队的口号是："让机器更智能，以提升人类生活质量。"他们相信知识应该为全人类共享，他们在机器学习算法和技术、医疗健康、机器学习支撑计算机系统、机器人、自然语言理解、艺术创作以及知觉仿真 7 个领域进行开发研究，并把所有科研成果公之于众。

9.5 大数据让人工智能插上了翅膀

人工智能研究历来就有符号学派和统计学派两大阵营之分。前者更依赖具有数理逻辑的数学方法，而后者更强调概率统计的数据方法；前者更注重理论，后者更依靠经验。在人工智能的发展中，二者各有所长，难分伯仲。

不过，神经网络、机器学习等人工智能技术都是属于统计学派的阵营。它们的成功和突破不能不感谢互联网和云计算技术的诞生和发展，是大数据让人工智能插上了新的翅膀。

到底什么是大数据？按照麦卡锡全球研究院的定义，大数据是一种规模大到在获得、存储、管理、分析方面大大超出传统数据库软件工具的能力范围的数据集合，具有数据规模庞大、数据流转迅速、数据类型多样和价值密度低四大特征。

大数据与互联网、云计算密不可分。大数据的数据规模让它无法在单个的计算机系统上实现，必须依赖云计算的集群处理能力和互联网的数据收集能力。所以，一种技术的产生和发展都离不开其他技术的进步和飞跃。它们互为因果，相辅相成。人工智能在大数据的基础上如虎添翼，成为今天举世瞩目的高科技。

大数据并不仅仅意味着数据量大。在地球绕太阳运转的过程中，每一秒记录一次地球相对于太阳的运动速度和位置，这样积累多年，得到的数据量不可谓不大，但是这样的数据并没有太大可以挖掘的价值，因为地球围绕太阳运转的物理规律已经研究得比较清楚了，不需要由计算机再次总结出万有引力定律或广义相对论来。

今天我们常说的大数据其实是在 2000 年后因为信息交换、存储和处理三方面能力的大幅提升而产生的数据。据估算，从 1986 年到 2007 年这 20 多年间，地球上每天可以通过既有信息通道交换的信息数量增长了约 217 倍，这些信息的数字化程度则从 1986 年的约 20% 增长到 2007 年的约 99.9%。在数字化信息呈爆炸式增长的过程中，每个参与信息交换的节点都可以在短时间内接收并存储大量数据。这是大数据得以收集和积累的重要前提条件。例如，根据对社交网站推特的统计，全球范围内每秒新增的推文条数约为 6000 条，每分钟约为 360000 条，每天约为 5 亿条，每年约为 2000 亿条。在网络带宽大幅提高之前，这个规模的信息交换是不可想象的。

全球信息存储能力大约每 3 年翻一番。从 1986 年到 2007 年，全球信息存储能力增加了约 120 倍，所存储信息的数字化程度也从 1986 年的约 1% 增长到 2007 年的约 94%。1986 年，即便用上我们所有的信息载体和存储手段，我们也只能存储全世界所交换信息的大约 1%，而 2007 年这个数字已经增长到约 16%。信息存储能力的提升为我们利用大数据提供了近乎无限的想象空间。例如，谷歌这样的搜索引擎几乎就是一个全球互联网的“备份中心”，谷歌的大规模文件存储系统完整保留了全球大部分公开网页的数据内容，相当于每天都在为全球互联网做“热备份”。

有了海量信息的获取和存储能力，我们也必须具有对这些信息进行整理、加工和分析的能力。谷歌、脸书、亚马逊、百度、阿里巴巴等公司在数据量逐渐增大的同时，也相应建立了灵活、强大的分布式数据处理集群。数万台乃至数十万台计算机构成的并行计算集群每时每刻都在对积累的数据进行进一步的加工和分析。利用这些数据处理平台，像谷歌这样的公司每天都会对多达数百亿的搜索进行记录、整理，将其转换成便于分析的格式，并提供强有力的数据分析工具，可以非常快地对数据进行聚合、维度转换、分类和汇总等操作。

大数据让人工智能在接近和突破人类智能方面成功地迈出了第一步。谷歌的围棋程序阿尔法狗已经达到了人类围棋选手无法达到的境界，没有人可以与之竞争。这是因为阿尔法狗能够不断进行学习，而它赖以学习提高的基础就是大数据。

有了大数据，人工智能就有了新机会。人工智能从大数据中挖掘出以往难以想象的有价值的数据、知识和规律。简单地说，有了足够的数据作为深度学习的输入，计算机就可以学会以往只有人类才能理解的概念和知识，然后将这些概念和知识应用到之前从来没有看见过的新数据上。在任何拥有大数据的领域，人工智能都有一展身手的空间，都可以实现高质量的应用。

第 10 章　奇点——人工智能会取代人类吗

10.1　人工智能正在改变人类的生活

北京时间 2019 年 3 月 26 日 21 点，华为在巴黎召开 P30 系列新品发布会，重磅推出 P30 Pro、P30 等机型。可以看到，在法国巴黎的公交车上，华为 P30 系列手机的广告铺天盖地。这是让每一个在巴黎的中国人都感到骄傲的事情。发布会现场人声鼎沸，会场的内部很有科幻色彩。发布会结束后，全球多个国家的消费者排队抢购华为 P30 系列手机。

华为新一代智能手机

自 2007 年 6 月苹果公司公布它研制的世界上第一款智能手机 iPhone 起，一场智能手机大战就拉开了帷幕，各种各样的智能手机不断出现，让其中蕴含的各种人工智能技术不断深入千家万户，深入人们日常生活的方方面面。

今天智能手机不仅具有人脸识别、指纹识别等图像识别功能，而且具有语音翻译、导航定位、自动支付和远程遥控等功能。所有这些功能的背后都离不开人工智能技术的支持。今天，我们几乎已经离不开智能手机了。一机在手，万事不愁；一机在手，走遍全球。这已经不是幻想，而是一个不断给人带来惊喜的现实。

大疆的成名仿佛在一夜之间，2014 年声名鹊起。大疆无人机系列产品先后被英国《经济学人》杂志评为“全球最具代表性的机器人”之一，被美国《时代周刊》评为“十大科技产品”，被《纽约时报》评为“2014 年杰出高科技产品”。这家公司占据了全球民用小型无人机市场约七成的份额，产品主要销往欧美国家。大疆所依靠的就是先进的人工智能技术。

大疆无人机

大疆无人机配备了高性能相机，除可拍摄高清照片外，还能实现摄像，并实时回传；内嵌的自动导航系统可以准确锁定高度和位置，稳定悬停，在失控情况下可实现自主返航；其高清数字图像传输系统可实现 2 千米以内的图像传输，内置的视觉和超声波传感器可让无人机在无卫星定位导航的环境中实现精确定位悬停和平稳飞行。

阿里巴巴在新零售领域最受人关注的是无人超市“淘咖啡”。2019 年 7 月 8 日，阿里巴巴在杭州推出为期 5 天的“造物节”，无人便利店项目“淘咖啡”公开亮相。

面积为 200 平方米的“淘咖啡”可以容纳 50 人同时购物，里边摆放有咖啡、甜点、玩偶、笔记本等各类商品，并具备餐饮功能。顾客打开手机上的淘宝 APP，扫描二维码便可获得入店资格。通过闸机后，顾客可随意挑选货品。离开时，顾客通过一道“支付门”，面前会出现一个屏幕。经过身份识别后，程序会自动完成支付，用户就可以拿着物品离开了。

商品拿起就走，没有收银员，还无须扫码支付，走出大门时自动扣款……这种新奇的购物体验让这家超市迅速被挤爆，人们纷纷排队体验无人超市的黑科技。

“淘咖啡”

上海洋山深水港无人码头

人工智能不仅正在走进千家万户，而且不断深入生产和社会生活的方方面面。上海洋山深水港位于长江入海口，是中国首个在微小岛上建设的港口。洋山港一手牵着长江经济带，一手挽起海上丝绸之路，是中国发展上海自贸区、建设海洋强国的重要支撑。起重机不停地装卸集装箱，一辆辆没有车厢的平板车往来穿梭，很难想象这些设备都无人操作。洋山深水港四期工程真正实现了码头装卸、水平运输、堆场装卸环节的全程智能化、无人化操作。

今天，如果你来到像格力重工这样的大型企业，车间里少有挥汗如雨的工人，取而代之的是自动化生产线上的机器人和机械手。其实，无论是在中国还是在其他国家，无人车间、无人工厂已经如雨后春笋般涌现出来。无处不在的人工智能技术正在改变着工业生产的方式，释放出前所未有的生产力。

10.2 什么是奇点

1993 年，圣地亚哥州立大学计算机教授、科幻小说作家弗诺·文奇发表了一篇论文，其题目是“技术奇点的到来”。一石激起千层浪，他的这篇论文引起了广泛关注。他在论文中正式定义和阐述了一个叫奇点的概念。文奇写道，奇点将是人类时代的终结，而新的超级智能将会自我发展，把人类远远地甩在后面。他预测，奇点的到来不会早于 2005 年，也不会晚于 2030 年。

一时间，未来学家和科幻作家纷纷用“奇点”来表示超人工智能到来的那个神秘时刻。当然，没有人知道奇点会不会到来，会在何时到来。但正因为这样，人们才感到惊讶，乃至忐忑不安。

人工智能的飞速发展和巨大潜力不能不让人产生这样一个问题，那就是人工智能会不会赶上和超越人类智能？早在冯·诺依曼发明世界上第一台电子计算机时，他就和一名一起工作的波兰科学家谈起过他对未来的担忧。他认为，技术的加速发展会在未来的某一时刻超出人类的控制而成为与人类竞争的力量，从而威胁人类的生存。后来，英国数学家古德还提出过一个智能爆炸模型。通过这个模型，他预测到未来的超人工智能将会引发奇点的到来。

所谓奇点，就是随着科学技术的飞跃发展，人们提出的一种对未来某一时刻人工智能将超越人类智能的假说。

回顾人类发展的历史，我们会发现，世界的变化的确是翻天覆地的。假如我们让某个 15 世纪的古人穿越到今天，他会看到什么？在他的眼里，各种各样的金属铁壳在地面上飞驰，在天空中翱翔；人们拿着一个小瓷片似的东西就能和大洋另一侧的人聊天，看遥远地方正在进行的体育比赛，或观看一场半个世纪前的演唱会；农田里看不到干活的人群，粮食就自己长出来；工厂里也都是些奇怪的铁家伙，它们自己动来动去，制造出各种东西…… 这一切足以把他吓得魂飞魄散，就像今天我们看到科幻大片所展示的未来远景一样。变形金刚、钢铁侠等科技怪兽不也让今天的人们不寒而栗吗？也许科幻大片里的故事有些夸张，但产生这样的故事一点也不夸张，而且它们正在变成现实。

谷歌科学家李开复就做过这样一个描述：把人类大约 6000 年的文明史浓缩到一天（也就是 24 小时），我们可以看到苏美尔人、古埃及人、古代中国人在凌晨时分先后发明了文字；20 点前后，中国北宋的毕昇发明了活字印刷术；蒸汽机大约在 22:30 被欧洲人发明出来；23:15，人类学会了使用电力；23:43，人类发明了通用电子计算机；23:54，人类开始使用互联网；23:57，人类进入移动互联网时代；一天里的最后 10 秒，谷歌阿尔法狗宣布人工智能时代的到来。你注意到了吗？新事物产生的时间间隔越来越短。这种技术发展在时间上的加速趋势，不能不让人浮想联翩，感到恐慌。

2015 年，一个叫蒂姆·厄班的人发表了一篇题为《人工智能革命：通向超人工智能之路》的文章。蒂姆·厄班在文章中指出："硬件的快速发展和软件的创新是同时发生的，强人工智能的降临可能比我们预期的更早，因为呈指数级增长的开端可能像蜗牛漫步，但是后期会跑得非常快；同时，软件的发展可能看起来很缓慢，但是一次顿悟就能永远改变进步的速度。"

蒂姆·厄班的推理足以让每个人惊出一身冷汗。他说："一个人工智能系统花了几十年时间达到了人类脑残智能的水平，而当这个节点出现的时候，计算机对于世界的感知大概和一个 4 岁小孩一样；而在这个节点后 1 小时，计算机马上推导出了统一广义相对论和量子力学的物理学理论；而在这之后一个半小时，这个强人工智能变成了超人工智能，智能达到了普通人类的 17 万倍。"

也就是说，一个具备了人类认知能力和学习能力的机器，可以借助云计算这样强大的计算资源、互联网、知识库以及永不疲倦、不需要吃饭睡觉的特点，无休止地学习、迭代下去，并在令人吃惊的极短时间内，完成从强人工智能到超人工智能的跃进。

历史上，人类第一次面临自己创造的对自己的挑战。怎么办？

10.3　人类面临自己制造的挑战

著名的理论物理学家、《时间简史》的作者霍金是众多担忧超人工智能的科学家之一，他的学术地位和影响力让他的看法格外引人注意。他认为："完全人工智能的研发可能意味着人类的末日。"他对机器与人在进化速度上的不对等性表示担忧。霍金说："人工智能可以在自身基础上进化，可以一直保持加速的趋势，不断重新设计自己。而我们人类的生物进化速度相当有限，无法与之竞争，终将被淘汰。"

特斯拉与 SpaceX 公司的创始人、钢铁奇侠马斯克也有与霍金大致相似的担忧。他说："我们对待人工智能必须非常小心。如果必须预测我们面临的最大现实威胁，那恐怕就是人工智能了。"

霍金和马斯克在警告世人，人类正在面临自己制造的挑战，我们必须积极行动起来，为人类找出应对未来潜在威胁的对策。马斯克说："我越来越倾向于认为，也许在国家层面或国际层面上必须有一种规范的监管机制来保证我们不会在这方面做任何蠢事。"

那么，人工智能的高速发展到底在哪些具体方面会挑战和威胁人类的生存呢？最显而易见的就是人类现在大量的工作岗位将会被机器人所取代，人工智能的普及会导致人类失业问题。霍金说："工厂自动化已经让众多传统制造业的工人失业，人工智能的兴起很有可能会让失业潮波及中产阶级，最后只给人类留下护理、创造和监督工作。"

毫无疑问，人工智能将改变全世界各行各业的现有工作方式、商业模式以及相关的经济结构。那么，当人工智能开始大规模取代人类工作者的时候，我们应该做些什么才能避免人类大批失业、社会陷入动荡的危险局面呢？尤瓦尔·赫拉利在《未来简史》中说："研究历史，就是为了挣脱过去的桎梏，让我们能看到不同的方向，并开始注意到前人无法想象或过去不希望我们想象到的可能性……研究历史并不能告诉我们该如何选择，但至少能给我们提供更多的选项。"

从原始社会的刀耕火种到现代社会高度的分工协作，人类生产基本上都遵循了金字塔式的劳动结构模型，金字塔底层是大量从事简单、重复性劳动的人。过去几千年里，人类经历了生产关系的变革，从农业革命到工业革命，再到科技革命，变化的结果只是大规模地提高了生产效率，改变了社会分工，从而以更低的劳动成本创造出更多的社会财富，但没有从根本上改变生产关系的金字塔式结构。

当人工智能取代了简单、重复性工作以后，原本从事简单工作的人将如何生存呢？金字塔式结构在历史上将第一次受到冲击。如果未来失去工作的人都必须从做简单工作转换为从事相对复杂的脑力劳动，那么他们要学习的知识体系对他们来说将是一个庞大的架构。那些中年失去工作的普通劳动者怎么可能重新开始一次历时数年的学习深造呢？

这就成为了一个社会结构变革中的社会大问题。有人提出，当生产成本由于人工智能技术的普及越来越低而生产效率越来越高的时候，社会财富将会越来越多，人类将有更多的资源和能力来面对失业或工作转换的问题。

美国计算机科学家、创业家、未来学家杰瑞·卡普兰在《人工智能时代》一书中提出过一个解决人工智能带来的失业或工作转换问题的方法——工作抵押。这是一种由政府、雇主和教育系统联合提供保障的再培训机制。当雇主希望使用人工智能来替代一部分工作人员时，被解雇的人会得到一个免费接受培训的机会，代价是在培训结束后必须为目标雇主工作一段时间。当然，这只是一种设想，实际情况可能远比他设想的要复杂得多。因此，更多的思想家、社会学家和政府智库都在积极严肃地探讨人类社会应该如何应对这一关于人类命运的大问题。

在挑战面前，人类的观念、思想以及旧有的社会结构和模式都必然会发生极大的改变。在机器学习的同时，人类教育也会出现转型。李开复提出，整个教育体制应更多地关注素质教育和高端教育，让每个人都有机会学习和尝试各种更复杂或更需要人类创造力的工作，培养更多的博学之才、专深之才、文艺人才和领导人才。在人工智能时代，我们需要的教育不再是技能型，而应是思想型、才艺型和智慧型，培养在社会结构的调整中，能够快速灵活地完成不同类型工作间的转换、发挥人类创造力的人才，这样人们才不必终日担心被人工智能取代。

人工智能的高速发展给人类带来的更进一步的挑战和威胁是，当人工智能超越人类智能以后，人工智能机器人会不会像科幻大片中的那些怪兽那样消灭人类呢？

2015 年，马斯克与彼得·蒂尔等一起在旧金山创立了一个非营利组织 OpenAI。OpenAI 汇集了一批人工智能领域的顶尖高手，探索实现强人工智能的可能性和研发“安全的”人工智能，通过实践来寻找将人工智能技术的潜在威胁降至最低的方法。他们希望将人工智能关在道德或制度的“牢笼”里，让人工智能难以威胁人类。既然奇点的来临无法避免，那么不如积极面对，当威胁来临时，我们对威胁本身的理解就会更加深刻。

2017 年初，上百名人工智能专家聚集到了加州的阿西洛马度假村，深入探讨了人工智能对人类的威胁问题。会议通过并发表了 23 条人工智能技术应该遵守的基本原则，这 23 条基本原则涵盖了科研、伦理和价值观、长期策略 3 个方面。这 23 条基本原则像科幻大师阿西莫夫笔下的著名的机器人三定律一样，从方法、特征、伦理、道德等多方面，对未来的人工智能可以做什么以及不可以做什么提出了限制条件。

人工智能的高速发展给人类带来的最终挑战和威胁是，当人工智能超越人类智能以后，人生还有意义吗？古希腊哲学家亚里士多德曾在他想象自动机器人时认为，自动机器人会被主人所奴役，让人变得贪图安逸、不思进取。

我们正在进入这样一个前所未有的时代。随着科技的进步，人工智能技术将在大量简单、重复性、不需要复杂思考就能完成决策的工作中取代人类。汽车将不需要人类来驾驶，语言也不再是人类交流的障碍，生产劳动将完全由机器人代替，甚至家务和购物都不用人来操心受累，人们有大量的空闲时间，或者沉浸在各种高级娱乐里，或者追随自己的个人兴趣。

在这样的时代里，压在每个人肩头的工作压力、家庭压力会逐渐消失，任何追求都似乎没有太大的意义，那么我们活着干什么呢？到底是要做一个天天领着社会福利、躺在家里玩游戏、身形如电影《机器人总动员》里的人类后代一样臃肿的废物，还是努力学习新知识，积极从事文学和艺术工作，不断探索宇宙和哲学，不断思索自身存在的价值，重塑自己在人工智能社会中的地位与价值，寻找生物特征以外的生命意义？

人生目标以及价值观将面临全新的挑战。在这样一个人类历史上从未经历过的崭新时代里，人生的意义何在？如何过完一生才最有价值？这一切都需要我们重新思考、重新定义和重新开始。

人类因为有感情、会思考、懂生死、善适应而具有“感情”“思维”“自我意识”和“生死意识”等特质，从而使我们区别于其他动物，因此也可以且应该使我们区别于机器人。在《真实的人类》里，合成人曾说：“我不惧怕死亡，这使得我比任何人类更强大。”而人类则说：“你错了。如果你不惧怕死亡，那你就从未活着，你只是一种存在而已。”

法国哲学家布莱士·帕斯卡说过：“人只不过是一根稻草，是自然界中最脆弱的东西，但他是一根能思想的稻草。用不着整个宇宙都拿起武器来才能毁灭，一口气、一滴水就足以置他于死地了。然而，纵使宇宙毁灭了他，人却仍然要比置他于死地的东西高贵得多，因为他知道自己要死亡以及宇宙对于他所具有的优势，而宇宙对此一无所知。所以，我们全部的尊严就在于思想。”这也许太抽象了，但令人深思。

的确，人只不过是一根稻草，但人是一根能思想的稻草。人工智能的到来在挑战着人类，威胁着人类，但有思想的人类并不会因此而灭亡，因为我们全部的智慧就在于思想。我们一定能够找到答案。

10.4 奇点会是人类的终点吗

18 世纪，工业革命在欧洲全面爆发。

1733 年，英国发明家约翰·凯发明了用于织布的飞梭。1764 年，英国布莱克本的纺织工詹姆斯·哈格里夫斯发明了现代机械——纺纱机，这是“使英国工人的状况发生根本变化的第一个发明”。人类生产与制造方式开始向机械化转换，以大规模的工厂生产取代手工作坊，出现了以机器取代人力的趋势。人类旧有的生产方式受到了挑战，大批技术工人和手工业者面临失业的威胁。

1779 年，英国莱斯特的一名叫内德·卢德的纺织工因愤怒而砸毁两台织布机，后来人们以讹传讹，将此事说成卢德将军或卢德王领导反抗工业化的运动，从而引发了反对机械化的卢德运动，还产生了所谓的卢德主义者。在这场运动中，常常发生毁坏纺织机的事件。

今天，人工智能在信息革命的快速发展中更加深刻地“威胁”到了人类的生存。奇点会是人类的终点吗？我们到底该怎样看待“人工智能威胁论”呢？

谷歌科学家李开复在和《人工智能时代》的作者、未来学家杰瑞·卡普兰讨论这个问题的时候，杰瑞·卡普兰提出了自己的看法。他认为，超人工智能的诞生及其威胁人类这件事发生的概率非常小。其实，我们现在做的只是在制造工具，以自动完成此前需要人类参与才能完成的工作。之所以会有“人工智能威胁论”，根本上是因为大众习惯了把人工智能人格化，这是问题的根源。

李开复也认为，我们所面对的只不过是一系列工程设计上的问题。我们必须确保我们设计、制造的产品和提供的服务符合我们的愿望和预期。这件事与桥梁工程师使用一整套质量保障方案来确保他们建造的桥梁不会坍塌并没有什么两样。我们有许多工程学上的原则来指导我们测试一个系统，确定什么样的系统是合格的，什么样的系统是足够安全的。在人工智能领域，我们同样需要这样的技术，因为人工智能十分强大，具有潜在的危险性。但这并不是因为智能机器会像人类一样思考，而是仅仅因为它们十分强大，我们必须小心地使用它们。

就拿无人驾驶汽车来说，在一些极端的例子里，无人驾驶汽车确实需要做出决定是要撞向左边，伤及左边的行人，还是要撞向右边，伤及右边的行人。但无人驾驶汽车只是一套机器系统，它们并不会真正地自己做出决策。它们只是根据对环境的感知，按照某种事先预定的原则和人类的设计做出反应，而我们人类对于整套系统的感知和反馈模式拥有完全的控制权。如果它们做了什么不符合我们社会准则的事情，那一定是因为我们人类在设计它们时犯了错误。

从猿猴的智能到人类的智能，再到人类制造的人工智能技术和智能机器，“智能”经历了相当长时期的演进。我们已经讲过，人工智能普遍被认为可以分为 3 个程度，即弱人工智能、强人工智能和超人工智能。显然，如果人们对人工智能会不会挑战和威胁人类有所担忧，那么我们担心的就是这里所说的强人工智能和超人工智能。我们到底该如何看待强人工智能和超人工智能呢？它们会像阿尔法狗那样，以远超我们预料的速度降临世间吗？

今天，学者们对超人工智能何时到来众说纷纭。有人说强人工智能或超人工智能的到来还需要 15 年，有人说是 20 年，有人说是 50 年。悲观者认为，技术加速发展的趋势无法改变，超越人类智能的机器将在不久的将来得以实现，那时的人类将面临生死存亡的重大考验。而乐观主义者则更愿意相信，人工智能在未来相当长的一个历史时期都只是人类的工具，很难突破超人类智能的门槛。

技术在今天正以日新月异的速度发展着。对于人工智能的未来，目前人们还没有一致的看法，对智能的定义还是非常主观的，这依赖于每个人自己的视角。在今天这个弱人工智能时代里，人类对于人工智能或者智能的认识还在不断变化之中，我们还不能真正定义什么是强人工智能，什么是超人工智能。我们已经知道，阿尔法狗虽然在围棋上已经“战无不胜”，超过人类，但它连自己移动棋子的能力都没有，更不要说在围棋棋局中根据人类对手的表情，推测对方的心理状态，并有针对性地制定战术策略了。

DeepMind 的联合创始人、首席执行官穆斯塔法·苏莱曼说：“人类距离通用人工智能的实现还有很长一段路要走。说到未来的样子，很多想象很有趣，很有娱乐性，但跟我们正在开发的系统并没有太多相似之处。我没法想出来哪一部电影会让我想到：是的，人工智能看起来就是这样的。”科幻大片里的场景与我们今天实现和可以预见的人工智能技术和产品还相差甚远，无法实现。

华盛顿大学计算机科学家奥伦·伊兹奥尼说："今天的人工智能距离人们可能或应该担忧机器统治世界的程度还非常遥远……如果我们讨论的是在1000年后或更遥远的未来人工智能是否有可能给人类带来厄运，那么绝对是有可能的，但我不认为这种长期的讨论应该分散我们关注真实问题的注意力。"

但不管怎么说，有一点是可以肯定的，那就是技术正在深刻地改变着人类的生活、生产和生存方式。这种深刻的变革已经且仍将不断地挑战人类的智慧。

10.5 相信未来，相信人类的智慧

人工智能的故事到这里就要告一段落了，但人工智能的发展远没有结束，甚至可以说是刚刚开始，故事还在继续。

回顾历史，从 17 世纪至今，世界经过了 3 次工业革命，完成了从手工劳动到信息化的飞跃。与工业革命前的中世纪相比，人类已经生活在一个完全不同的、由现代科技支撑和推动的全新时代。

在 21 世纪的今天，如果有哪一种技术可以和历次工业革命中的先导科技相提并论的话，那一定是正在步入发展期的人工智能技术。以交通为例，蒸汽机、内燃机、燃气轮机、电动机的发明，让我们的出行从人抬马拉的农耕时代跃入了以飞机、高铁、汽车、轮船为代表的现代交通时代。在人工智能时代，仅自动驾驶技术一项就足以彻底改变我们的交通出行方式。事实上，人工智能技术在各行各业都正引发着颠覆性的变化，带来生产效率前所未有的提高。历史必将如实地记录下这一次史无前例的人类大革命，这一革命的核心驱动力就是人工智能。

人工智能不仅是一场技术革命，它对生产效率的大幅提高、对人类劳动的逐步替代、对生产方式的根本改变必然触及社会、经济、政治、文化、教育等人类生活的方方面面，成为一场深刻影响人类命运的大革命。人工智能的未来必将与重大的生产变革、社会变革、经济变革、教育变革、思想变革、

文化变革等同步，成为人类社会的一次全新的大飞跃、大变革、大融合、大发展的开端。

这是一个伟大的时代，这是一个创新的时代，这是一个人工智能的时代，这也是一个改变人类命运的时代。让我们满怀信心，迎接挑战，相信人类的智慧，阔步前进，走向未来！

名词术语解释

编译原理	把用于计算机程序设计的高级语言转换成计算机可执行的代码的一般原理和基本方法。
遍历理论	统计力学中的一个数学分支。
博弈论	应用数学的一个分支，研究具有竞争或对抗性质的行为，也是运筹学的一个学科。
布尔代数	用于集合运算和逻辑运算，在电子工程领域也叫作逻辑代数，在计算机科学领域也叫作布尔逻辑。
测度论	研究一般集合上的测度和积分的理论，是实变函数论的基础。
冲击波理论	一个研究冲击产生的波的理论。
递归论	数理逻辑的一个分支，研究解决问题的可行的计算方法和计算的复杂程度。
电子真空技术	利用电子在真空中的运动及其与外电路的相互作用而产生振荡、放大、混频、受激辐射等现象。
反向传播算法	一种用来训练人工神经网络的最常用且最有效的算法。
分组交换协议	网络上的一种数据交换方法。
符号学派	人工智能技术中的一种以数理逻辑为核心的理论和方法。
概率统计	研究自然界中随机现象统计规律的数学方法，又称数理统计方法。
哥德尔递归函数	哥德尔提出的一种函数理论，在数理逻辑中占有极其重要的地位，是数学与逻辑发展历史上的一个里程碑。
格论	抽象代数的一个分支，“格”是一种特定集合的名称。
关系数据库	利用二维表及其之间的联系所形成的一个数据组织来组织数据的数据库。
机器学习	一种人工智能技术，它可以通过大量的数据训练自动改善算法，提高解决问题的能力。
集合论	研究由一堆抽象事物构成的整体的数学理论，包含集合、元素和成员关系等最基本的数学概念，是数学的一个基本分支。

续表

计算复杂性理论	理论计算机科学和数学的一个分支，致力于根据可计算问题的复杂性对其进行分类并将这些类别联系起来。
计算机算法	对计算机上执行的计算过程的具体描述。
紧致群	数学群论中的一种理论。
框架理论	人工智能之父马文·明斯基创立的一个关于人们或组织对事件的主观解释与思考结构的理论。
连续几何学	研究几何连续性问题的一个数学分支。
量子理论	和相对论一起被称为现代物理学的两大基石，它很好地解释了原子结构、原子光谱的规律性、化学元素的性质、光的吸收与辐射等问题，为我们提供了新的关于自然界的表述和认识。
流体力学	力学的一个分支，主要研究在各种力的作用下流体的状态以及流体和固体间有相对运动时的相互作用和流动规律。
命题演算	利用演算手段来讨论命题逻辑，有自然演算和公理演算两种方式。
模式识别	对事物或现象的各种特点进行描述、辨认、分类和解释的过程。
模型论	从集合论的角度对数学概念表现的研究，或者说是对于作为数学系统基础的“模型”的研究。
帕斯卡三角	一种由数字组成的三角形阵列，它呈现了二项式展开式各项系数的规律。排列规律是每一行的两端都是 1，其余各数都是上一行中与此数最相邻的两数之和。
邱奇演算	即邱奇提出的 λ 演算，是可计算理论研究中的一个关于函数的理论。
全息图	以激光为光源，用全景照相机将被摄对象记录在高分辨率的全息胶片上而形成的图像。
染色体	细胞核中载有遗传信息的物质，是基因的载体。
认知心理学	心理学的一个分支，研究人的高级心理认知过程，如注意、知觉、表象、记忆、思维和言语等。
认知学习	通过研究人的认知过程来探索学习规律的一种学习理论。
深度学习	机器学习研究中的一个新领域，通过建立模拟人脑进行分析学习的人工神经网络，模仿人脑机制来解释数据（如图像、声音和文本）。

续表

神经学派	人工智能技术中的一种以神经网络模型和脑模型为核心的理论方法。
数值分析	数学的一个分支，研究分析用计算机求解数学计算问题的数值计算方法及其理论。
数字电路	用数字信号对数字量进行算术运算和逻辑运算的电路。
搜索引擎	根据用户需求，在一定算法下运用特定策略，从互联网上检索出信息的一门检索技术。
算子环理论	量子理论中的一个数学理论。
统计模型	以概率论为基础，采用数学统计方法建立的模型。
统计学	应用数学的一个分支，主要通过概率论建立数学模型，收集所观察系统的数据，进行量化分析和总结，进而进行推断和预测。
湍流理论	一个有关湍流成因的理论。
拓扑结构	源于几何学，用于描述网络形状和连通特性。构成网络的拓扑结构有很多种，并因此具有不同的特点。
信息论	运用概率论与数理统计的方法研究信息传输和处理的一般规律的应用数学理论。
语言学	以人类语言为研究对象，研究内容包括语言的性质、功能、结构、运用和发展历史，以及其他与语言有关的问题。
证明论	数理逻辑的一个分支，它将数学证明表达为形式化的数学客体，从而通过数学技术来简化对它们的分析。
知识工程	用人工智能技术对那些需要专家知识才能解决的应用难题提供求解的手段。
质谱仪	一种按原子或分子的质量差异分离和检测物质组织的仪器。
自动机	为模拟包括自组织结构在内的复杂现象提供一种强有力的方法，是由小的计算机或部件按邻域连接方式连接成较大的、并行工作的计算机或部件的理论模型。

致 谢

首先要特别感谢使本书能够得以顺利编写和出版的两位关键人物。第一位就是为本书做序的中国科普作家协会副理事长、南方科技大学科学与人类想象力研究中心主任吴岩教授，没有他的建议和鼓励，就没有本书写作的开始；第二位是人民邮电出版社的刘朋编辑，他为本书的写作和出版提供了热情的支持和意见。我还要对家人和朋友给与我的关心、理解和鼓励表示感谢，你们永远是我最爱的人。同时，我也要对所有参与本书编辑、出版和发行的工作人员表示最诚挚的敬意和感谢。没有你们默默无闻的辛勤付出，也不可能有本书最终呈现在广大读者面前。人工智能科学技术的内容广泛，历史渊源悠长，但依然如红日初升，其发展迅速，日新月异。鉴于本人才疏学浅，书中难免存在缺点和不足之处，望读者不惜赐教，批评指正。最后，衷心感谢所有阅读本书的读者朋友！